儿童安全自救全书：社会交往安全

（赠10个安全故事小视频）

初舍 吕进 / 主编

首批全国优秀出版社
农村读物出版社
中国农业出版社

图书在版编目（CIP）数据

儿童安全自救全书．社会交往安全：赠10个安全故事小视频 / 初舍，吕进主编．— 北京：农村读物出版社，2019.12

（农家书屋助乡村振兴丛书）

ISBN 978-7-5048-5798-9

Ⅰ．①儿… Ⅱ．①初… ②吕… Ⅲ．①安全教育－儿童读物 Ⅳ．①X956-49

中国版本图书馆CIP数据核字(2019)第279339号

ERTONG ANQUAN ZIJIU QUANSHU：SHEHUI JIAOWANG ANQUAN (ZENG 10 GE ANQUAN GUSHI XIAOSHIPIN)

农村读物出版社出版

地址：北京市朝阳区麦子店街18号楼

邮编：100125

责任编辑：黄　曦

责任校对：刘飏雨

印刷：北京中科印刷有限公司

版次：2019年12月第1版

印次：2019年12月北京第1次印刷

发行：新华书店北京发行所

开本：710mm × 1000mm　1/16

印张：9

字数：150千字

定价：29.80元

目录

遇到来自不同人群的侵害危险时怎么办

二 公共场合遇到侵害危险时怎么办

三 遇到校园暴力或欺凌时怎么办

四 外出走失怎么办

五 遭遇拐卖、诈骗危险怎么办

六 遭遇现场犯罪时怎么办

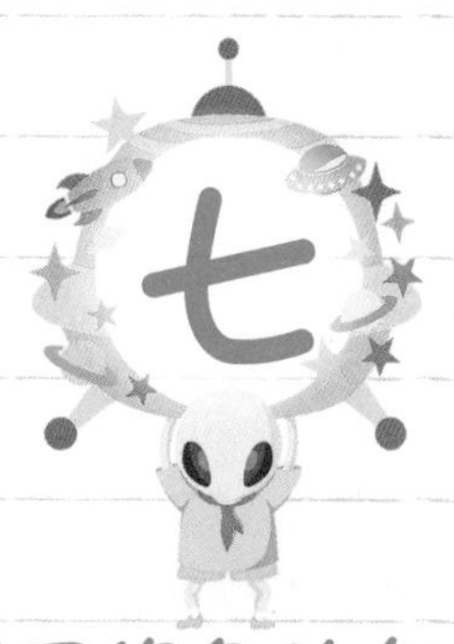

七 遭遇网络危险怎么办

▶ 内有附赠安全小视频，可扫码进入观看

一
遇到来自
不同人群的
侵害危险时怎么办

1 长辈的这种"关怀"我不需要怎么办

!!! 情景再现 !!!

今晚将举办小菲9岁的生日派对。爸爸妈妈不仅为她设计了"冰雪奇缘"主题生日宴，还准备了她最爱的公主裙作为生日礼物。参加派对的也都是小菲的亲人和好朋友，他们送来了各式各样的礼物，小菲开心极了。

晚饭前，大家在桌前合影留念，前面一排是小朋友们，后面一排都是大人。小菲是个爱美的小公主，正在积极酝酿感情准备摆个优雅的姿势，突然感觉臀部被谁的手蹭了一下，小菲想可能是错觉，也就没在意。紧接着，又被蹭了一下，小菲立刻回头，只见身后的姑父正半蹲下来，用手扯着小菲腰间的裙子，还笑眯眯地说："小菲，裙子拧了，拍照不好看。"小菲

不情愿地往后一躲。“妈妈，你帮我整理下裙子，姑父说裙子拧了！”小菲赶紧跑到了妈妈身边。

妈妈看了下，见没什么状况，便让小菲赶紧看镜头拍合照。小菲狐疑地看向了镜头，勉强地笑起来。晚上躺在床上，小菲翻来覆去睡不着，心里想着：拍照那会儿究竟怎么回事？我要不要和妈妈说说呢？可我也不确定发生了什么啊……算了，姑父是亲戚，可能是不小心才碰到的，可姑父的这份“关怀”怎么这么让人别扭呢？

安全叮咛

1.了解我们的隐私部位，掌握正确的身体接触分寸。

我们身体的隐私部位是我们身体的一部分，简单来说，游泳衣所遮盖的身体部位，就是我们最隐私的地方。

一般情况下，任何人都不可以无正当理由地接触或偷看我们的隐私部位。如果是陌生人，或非自己的直系亲属，也不要让人随意亲吻脸颊、耳根、嘴巴、脖颈之类的部位，即使是亲属，如自己不愿意被亲吻让自己不舒服的部位，也要拒绝。当然，在特殊情况下，比如在家长陪同下医生给你看病，或同性别直系亲属及其他家人护理生病的你时，可能会接触隐私部位，那是正常的行为。

2.保持警觉，学会勇敢拒绝不恰当的身体接触，不要一味忍让，默默承受。

在进入幼儿园和学校等团体生活后，父母无法陪伴在身边，我们应当保持一定的警惕。

如果有人总是想触碰你的隐私部位，哪怕是熟人或长辈，也要学会勇敢拒绝，不要担心涉及自己的长辈会影响家人之间的亲情联系；不要因为羞于启齿而不向亲人求助……这些忍让就是纵容，选择默默承受并不能从根本上解决问题，只会让问题更严重。

3.遇到突发状况可正当防卫。

遇到来自长辈不恰当的“关怀”时，可先躲避，不要慌张或害怕，找借口走出“危险”空间。如果长辈继续不恰当的举动，可大声呼救，关键时刻可利用钥匙、发卡、手机等作为防身武器，但要注意自己的人身安全。

4. 日常与父母多交流。建立安全关系网。

与父母多交流，将日常学习及生活中遇到的自己认为值得信赖的人列入安全关系网，不定期增加或排除相关人物。某人因为不恰当的行为被我们排除在安全关系网外，可侧面提醒父母不要让自己与那人单独相处，这也是一种求救信号。

建立安全关系网时要注意：

（1）不仅是女生，男生也要注意自我保护，千万不要认为自己是男生，天不怕地不怕，男生也要注意自我保护。

（2）同性长辈大多值得信赖，如少数同性长辈有行为不当则应把他们排除在安全网外。

5. 及时调整心理：这不是我的错，世界并不全是美好的，也有坏人存在。

世界并不是单纯幸福的童话世界，即使在童话世界里也有黑暗的存在，比如女巫、恶毒的皇后。当长辈给我不恰当的“关怀”时，这不是你的错，不要羞于启齿，要勇敢地反抗并制止这种行为。

应急小贴士

遇到来自长辈不恰当的“关怀”时，先躲避，然后找机会脱身，离开危险环境或发出声音引起其他人关注，以便制止这种行为。

那个怪叔叔 2 看上去很危险我该怎么办

!!! 情景再现 !!!

前几天，童童家的电闸总是跳，妈妈打电话给物业公司要求派人过来检修。物业的一位叔叔到童童家排查各种情况后解决了问题，童童家这才恢复了正常供电。童童好佩服这位叔叔啊！

这天午饭后，童童主动要求到楼下扔垃圾，做些力所能及的事，分担家务。刚到楼下把垃圾扔进垃圾桶，就发现迎面走来了一位叔叔，恰恰就是那天帮童童家修理电路的物业公司的叔叔。叔叔笑着和她打招呼道：“你是楼上的小朋友吧，怎么自己来倒垃圾啊？”

“我帮妈妈做点事。”童童回答道。

“好棒的小姑娘啊！我从那边过来看到有个和你差不多大的小姑娘一个人在玩，要不要我领你过去找个小伙伴啊？”叔叔热情地说。

“妈妈还在家等我呢，我不过去了。谢谢叔叔！”童童说完转身准备回家。

“我车里有个超级大的棒棒糖，要不你随我过去拿吧，我送给你这个懂事的小姑娘！”叔叔继续说道。

这个叔叔怎么这么热情啊，我们就见过一次呀！好奇怪……童童心里正犯嘀咕，就听见妈妈大喊道：“宝贝，扔完垃圾赶紧上来午睡！”童童抬头见妈妈正在阳台上看着她，便迅速跑上楼来。

一进门，妈妈就叮嘱道：“以后见到刚才那个人走远些，听人说他品行不太好……记住不要和不熟悉的人说话，更不能随便吃别人给的东西，知道了吗？”童童听后点了点头。

安全叮咛

1.遇到怪叔叔或怪阿姨的“三不准则”。

小朋友们若遇到不熟悉且行为举止过于热情或凶狠的怪叔叔和怪阿姨，牢记“三不准则”：

（1）不与其过多交流。不要和不熟悉的人说太多自己和家里的事，否则容易让对方有机可乘。

（2）不吃陌生人给的食物。不要贪吃怪叔叔或怪阿姨送你的糖果、零食等食物，因为不能确定这些食物的安全性，其中甚至极有可能含有迷药等危险物质。

（3）不接受陌生人送来的礼物、钱财。如果接受陌生人送来的礼物、钱财，容易放松警惕性，更容易被胁迫做些不喜欢的事情。

2.遇到危险时的应急处理方式：

（1）如果附近有很多人，一定要大喊：“救命！我不认识你！”引起关注，保护自己，也可借助周围人群制服怪叔叔、怪阿姨。

（2）如果附近人很少，一定要想办法离开，跑到人多或安全的地方。

（3）记住遇见的怪叔叔或怪阿姨的特征，可以在逃脱危

险后告诉爸妈或警察叔叔：是否认识？长发还是短发？戴眼镜吗？衣服是什么颜色的？

3.不要害怕怪叔叔或怪阿姨的威胁。

怪叔叔或怪阿姨可能会威胁你："如果敢告诉你爸妈，我就打死你，杀了你爸妈。"不要害怕，你的爸爸妈妈可比他们厉害多了，你还可以求助110，警察会把坏人抓起来。

4.日常生活中，尽量不要单独外出，在家不要随便给陌生人开门。

日常生活中要注意人身安全，尽量不要单独外出，如果外出应告知父母、家人或老师；在家也不要随便给不熟悉的人开门，即使是熟人，也应告诉他们等父母在家时再来。

应急小贴士

遇到那些过于热情或凶狠的怪叔叔或怪阿姨，要采取正确的方式保护自己，遇险时，如果周围人多就大声呼救，如果人少就先想办法离开，到人多或安全的地方。不要把自己的真实情况告诉陌生人。小朋友们要知道，对陌生人要有戒备心，这是为了保护自己的人身安全。

3 小伙伴要我做不愿意的事我怎么办

自救好办法，
扫一扫学到手！

!!! 情景再现 !!!

四年级的涛涛品学兼优，认识了不少汉字，很爱读书。爸爸也是书迷，最近更是迷上了平板电脑这个无所不能的新鲜玩意儿，出门一定会携带，回家后也是一有空就打开。这可把涛涛羡慕坏了，心心念念想着什么时候我也能有一个啊……这天课间，涛涛正与小伙伴们讨论最近看的《康熙大帝》，他绘声绘色地讲到康熙8岁即位后如何巧妙地抓住鳌拜，听得小伙伴们心潮澎湃。“涛涛，你在哪里看的这么多书啊？真厉害！什么时候也让我们看看吧！”小伙伴们夸道。

“我家里有全套《康熙大帝》呢！不过我爸更厉害，他最近买了个平板电脑，就我手这么大小，什么小说啊、杂志啊、报纸啊都可以下载看。全套《康熙大帝》书太沉了，要是有平板电脑就方便多了！”涛涛越说越起劲。

“那你把你爸的平板电脑带来给我们看看小说呗！让我们也长长见识！”

“我爸不会同意的……”涛涛摇了摇头。

“想想办法吧！嘿嘿，你就说你用，然后带来让我们看看吧！是不是你家没有，你说大话呀？”小伙伴们开始起哄了。

“怎么可能呢？我明天就拿来！”涛涛一说完就后悔了，万一弄坏了更不得了了……怎么办？涛涛发愁了。

安全叮咛

1.遇到小伙伴要我做不愿意的事，应先自我判断，不可盲目行事。

如果小伙伴要我做不愿意的事，应先自我判断是否正确：如果是帮我改掉坏习惯这类对我有帮助的事，即使不愿意，也可以多沟通后想明白再做，这是好朋友之间才会有的良好交往；如果是不好的事，比如偷拿家里的贵重物品出来炫耀、背着父母去游戏厅等，就不要答应。

2.面对不好的事要学会正确处理。

如果小伙伴要你做不好的事，应先明确拒绝，或者与小伙伴沟通这样做的危险及害处，再及时与爸爸妈妈交流这些情况。如果被小伙伴逼着或哄着做了不好的事情，应先告知爸爸妈妈或老师，由他们进行协调处理，切不可为了朋友义气便进行隐瞒。

3.不被虚荣心和所谓的朋友义气干扰。

千万不要被一时的虚荣心所左右，或被所谓的朋友义气所鼓动，我们要有自己的判断，不要盲目行事。

应急小贴士

如果小伙伴要我做不愿意的事，一时不好拒绝或不知如何处理，不要盲目决定，多给自己一些考虑时间，问下其他小伙伴或咨询下父母的意见。不要轻易就答应了。

这个老师给我布置了不好的“作业”怎么办

!!! 情景再现 !!!

7岁的乐乐是个漂亮的小姑娘，她最崇拜郎朗，并不单单因为他是名扬海外的著名钢琴家，更重要的是他能通过自己的指尖表达出自己的心情。所以，乐乐强烈要求妈妈为自己在课余时间报个钢琴培训班。虽然最开始学习五线谱及练习指法比较枯燥，但带着浓厚兴趣的乐乐倒也不觉得辛苦，反而乐在其中。

学习近两个月，妈妈发现乐乐最近不那么积极了，甚至有两次说不想去培训班上课。妈妈纳闷了，于是决定悄悄观察下乐乐的上课情况。这天乐乐又不情不愿地来到教室，看上去文质彬彬的杜老师招呼乐乐复习上节课所学的乐理知识，妈妈出门后便窝在窗边悄悄观察。一切正常啊……妈妈正准备离开，便看到乐乐随杜老师来到钢琴前，杜老师把乐乐圈在身前并将手扣在乐乐手上指正她的指法，乐乐不停地缩回胳膊又被杜老师拉回去。妈妈赶紧敲门，进屋后给乐乐递了条汗巾，说乐乐紧张时手心容易出汗，然后说去教室门口等她下课便出来了。

下课后，妈妈问乐乐杜老师教得如何，乐乐低头说她有时候不太喜欢杜老师，每次练习他靠得太近让自己很不舒服，他还要求乐乐以后单独来上培训班，说这是培养她独立性的“作业”……妈妈心想，自己和孩子是否对老师的行为太敏感了，毕竟一对一教学不可避免会有肢体接触，但又担心宝贝受委屈，于是给乐乐申请换了位钢琴老师。

安全叮咛

1.校园生活中要学会保护自己，敢于说“不”，尊敬老师但也要有自己的判断力。

学校集体生活是小朋友们必经的社会生活中的一个环节，离开父母保护的我们应该学会保护自己，如对隐私部位的保护，对自尊心及自信心的保护等，要对校园生活中发生的不合理事情敢于说“不”。

尊敬老师是传统美德，但也要有自己的判断力。品行不端的人，什么职业都有，如果老师通过欺骗、诱惑等方式，比如以玩游戏进行肢体接触、以放学后单独辅导做作业等作为借口对小朋友做不好的事，小朋友要勇敢说“不”。

2.遇到老师布置不好的“作业”时应正确处理。

认为老师布置的奇怪“作业”不妥，比如做些动作奇怪的游戏进行肢体接触，要机智地拖延时间找机会离开，回家后及时告诉爸爸妈妈。如果已经被伤害，更应及时告知爸爸妈妈并拨打110报警。

3.及时与父母沟通交流，不要隐瞒这样的“秘密作业”。

爸爸妈妈是我们最知心的朋友，不要觉得与父母交流学校的事情会让他们担心，而且这样的“秘密作业”并不是应该保守的秘密，默默承受只会让这些不好的“作业”越来越多，越来越危险。

应急小贴士

遇到老师布置“秘密作业”而突发危机状况时，可采取哭闹、踢、咬等反抗行为让坏人不能达到目的，这并不是不礼貌的行为，而是自我保护，属于正当防卫。

5 邻居要我独自去他家做客怎么办

!!! 情景再现 !!!

思思是个文静的姑娘，配上活泼的发型，简直像个洋娃娃，可爱极了，是小区里的小明星。这天周末，妈妈准备带思思去百花公园踏青赏花，思思高兴极了，还没等到妈妈出发的信号，她就蹬上鞋子，边关门边说：“妈妈，我先到楼下等你！”

刚到楼下，思思就遇到了隔壁单元一楼的爷爷，他哼唱着小曲，在树下晒太阳。邻居爷爷问道：“早上好啊，小思思！怎么一个人啊？”

“爷爷好！我妈妈要带我去百花公园玩，不过她太慢了，我就先下来等她。”思思回答。

邻居爷爷没事就好那么一口酒，今天喝得有点多，口齿有些不清楚，他奇

怪地笑着对思思说：“要不要……要不要到爷爷家里，吃点……吃点巧克力啊？”

“什么巧克力啊？我妈妈还没下来……”巧克力可是思思的最爱，她显然心动了。

“我们先进去，一会儿等你妈妈下来喊她就行了。”邻居爷爷晃悠悠地站起身准备过来拉思思进单元楼。

“思思……”妈妈正好下楼来，赶紧过去拉住思思的小手嘱咐道，“以后不能自己先下楼，和妈妈一起走，知道了吗？”思思点点头，那个爷爷见思思妈妈来了，就摇摇晃晃地自己走进单元楼很快不见人影了。

安全叮咛

1. 小朋友们出门做客注意多。

（1）不要单独去同学家或邻居家做客，三人成行相对较好。

（2）不要与不熟悉的人单独相处半小时以上。

（3）须经父母同意才能去别人家做客。

（4）主动将和自己一起玩的小朋友详细信息告诉家长，如姓名、性别、地址、联系方式等。

2.不要被零食、礼物、帮忙等诱惑，更不要害怕恐吓，要学会拒绝。

小朋友们涉世未深，判断能力差，诸多的借口如：吃糖果、看电视、玩手机、打游戏、买书本、给钱或者有礼物赠送等，甚至是谎称帮你写作业、请你帮忙、告诉你学习小窍门等冠冕堂皇的理由，如果出自不熟悉的人或者你认为有些奇怪的人，都应该坚定立场明确拒绝。

如果有人威胁、恐吓你，不要害怕屈从，应想办法跑开，赶紧向爸爸妈妈求助，必要时报警，警察能制服所有恐吓你的坏人。

3.遇到强行让你去做客的情况应机智处理。

如果邻居强行抱起你去他家做客，看见周围有人必须大喊“救命！我不认识你”；如果周围没人，可拖延时间，或者谎称“想尿尿憋不住了”之类的应急借口，等邻居放松警惕时，抓住机会快速逃离，边跑边喊“救命”，引起其他人注意。

4.要你独自去做客的邻居应列入“黑名单”，避免日后接触，并告知父母具体情况。

小朋友们应建立安全关系网，除了确定哪些人是安全的，更要列出人际交往黑名单，避免日后接触，对其提高警惕。那些要你独自去做客的邻居基本都是不怀好意的，列入黑名单后及时告知父母实情，避免父母今后无意把坏人招来。

应急小贴士

坏人是不会在脸上写着“坏人”字样的，不要与不熟悉的人交流过多信息，保持适当的交往距离；被强行邀请做客时，可以找借口拒绝，“我爸爸就在那边等我先问下他”“我要先去上个厕所”之类的谎言可以拖延时间。

哥哥让我看奇怪的录像怎么办

!!! 情景再现 !!!

爸爸妈妈年底工作太忙，经常加班到深夜，所以6岁的冉冉只好暂时住在了姨妈家。姨父工作常年驻外，表哥再过半年要参加中考，所以姨妈现在辞职在家当好全职妈妈，一切都为即将中考的表哥服务。冉冉聪明可爱，她的到来倒为姨妈“学校—菜场—家”的三点一线生活增添了不少乐趣。

这天姨妈正在厨房准备晚饭，冉冉无聊地在客厅玩着积木，表哥喝了杯水正准备进房间。“哥哥，陪我玩一会儿吧！”冉冉眨了眨大眼睛对哥哥说。

“我正忙着……不过如果你想玩点新游戏，可以来我房间。”表哥看了眼厨房，老妈正专心地准备着大餐，无暇顾及这边，“可……可是你不能告诉我妈玩了什么，要不然以后我再也不和你玩了……”。

“好的，没问题！”冉冉兴高采烈地跟着表哥进了房间。

表哥顺手关上了房门，打开电脑给冉冉播放起了一段视频。冉冉本以为会播放什么好看的动画片，可越看越糊涂，有个漂亮的阿姨不穿衣服在做些奇怪的事情……

“开饭了……”姨妈大声喊道。哥哥一听立马关掉了视频，转头对冉冉说：“这是秘密，不能告诉我妈。听到了吗？”冉冉疑惑地看看表哥，心里觉得这很不对劲。

安全叮咛

1.看到奇怪的录像、书籍等切勿模仿，这并不是有趣的游戏。

小朋友们心智发育尚未完全，无论是有意还是无意中观看到奇怪的录像、书籍等，切忌出于好奇心直接模仿，这并不是有趣的游戏，而是成人之间的交往与表达。

2.与年长或同龄的异性之间的独处应注意分寸，注重隐私部位的保护。

年长几岁或同龄的异性之间在密闭空间内的独处时间不宜超过半小时，三人行相对安全些；游泳衣所遮挡的部位是我们身体的隐私部位，应随时保护，不可以让他人观看或进行肢体接触。

3.有效避开独处空间，寻求成年人的帮助，不保守坏秘密。

如果熟识的哥哥或姐姐强迫或诱导你看奇怪的录像，要想办法离开独处空间，可声称去卫生间，离开后寻找人多或安全的地方，及时与父母交流，不要因为害怕哥哥姐姐的警告或遵守双方之间的约定而保守秘密，这种秘密可能会引发更危险的伤害。

4.正确认识人类表达爱意的方式。

电视剧中有时会出现成人之间的拥抱、接吻镜头，很多小朋友会捂眼睛、将头转开看向其他方向或者迅速调换频道，感到不好意思甚至认为是羞耻的事情，其实，这只是人类表达爱意的方式之一，就像你爱妈妈便会想拥抱她一样。

如果镜头中有不注重隐私部位保护的画面，那就超出了爱意表达的范围，这些都是被法律禁止和道德谴责的，

小朋友们不要直接模仿。

5.看到奇怪的录像、书籍后有心理阴影应及时疏导调整。

如果有意或无意中看到奇怪的录像、书籍后，应及时与父母交流，若脑海中反复出现奇怪的画面，可求助于心理老师调整状态。

应急小贴士

对于小朋友们来说，如果被人带去看不注重隐私部位保护的画面应想办法离开观看的密闭空间，去卫生间、出去喝水、有人喊我等都是不错的理由，离开后迅速到人多或安全的地方寻求保护。

7 医生给我体检时要求脱衣服怎么办

!!! 情景再现 !!!

开开是个很调皮的小男孩，因为好奇心，常喜欢追根究底琢磨些什么。

今天是幼儿园例行年度体检的日子，小朋友们都排得整整齐齐，由老师逐个引导进房间。开开排在中一班的队尾，，一个劲往前探头看医生是怎么检查的？用了哪些工具？哪些小朋友吓哭了？会不会打针？……老师不停地提醒开开，要注意保持安静维持队列。

其实，开开心中有个小计划，他想找位医生问些“小秘密”。

趁老师不注意，开开溜进一间房里，里面坐着一位穿白大褂的男医生，他抬头微笑着问：“小朋友，你一个人吗？有什么事吗？”开开吱吱

唔唔地说道："我……我有时候屁股会痒……还经常……放屁……小朋友们总是笑我……你知道为什么吗？"男医生歪头一笑，紧接着神秘地说："可能，在你的屁股里有只屁屁虫，每次它放屁，小朋友们就会以为是你放屁了。要不然你脱下裤子，撅起屁股，叔叔不嫌臭，帮你看看，然后用东西帮你把它夹出来，怎么样？"

开开正准备脱小内裤时，听到王老师的喊声，"开开……杨铭开……"开开立马回应："王老师，我在这里！"男医生一听开开喊来了王老师，立即快步走出了房间。

"开开，你在这里干什么？脱裤子干嘛？快穿上！我们小朋友不能随便露出自己的隐私部位的。"王老师边说边帮开开穿好了裤子。

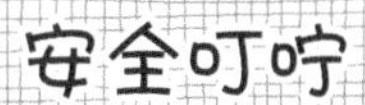

1.正确认识身体检查的范围。

定期体检、生病看医生都是小朋友们成长中会遇到的事，正确地认识身体检查的范围，尤其是了解哪些是必要的肢体接触范围尤为重要。比如扭伤、摔伤、砸伤涉及的四肢及重要部位检查，部分心肺方面的内科听诊需要撩起外衣方便检查，心电图检查会接触皮肤等；还有些护士需要给生病的小朋友打屁股针，会在臀部的适当部位进行肌肉注射。这些项目，需要配合医生露出身体的局部。

有必要肢体接触的检查项目一般都是由同性医生负责，如果涉及隐私部位，比如内科肛门检查，都会先征求被检查人同意才能进行。其他需要肢体接触的特殊检查需征求小朋友们的家人或监护人同意才可进行。

2.须由家长或老师陪同方可进行检查，不要畏惧医生。

生病去医院或体检，必须在家长或老师的陪同下才能进行项目检查，如需要单独检查，需家长或老师知情并同意。

3.要到正规医院就诊。

要去正规医院就诊，那些无医疗资质的诊所不可信，更不能相信那些所谓的江湖郎中、祖传偏方。

4.不要拒绝必要的肢体接触以免耽误治疗。

部分医疗检查是涉及肢体接触的，甚至是隐私部位的接触，只要是正当的有必要的治疗，家长知情并同意，就要服从医生安排。

应急小贴士

小朋友们在医院一定要紧紧跟随家长，任何医生、护士的要求都要先告诉家长再去做，更不要单独行动。如果与家长失散，不可听信任何人的话，应直接到一楼大厅咨询台寻求帮助。

8 保姆阿姨带我去参加她的朋友聚会怎么办

!!! 情景再现 !!!

橙橙的父母最近工作特别忙，所以6岁的橙橙基本只能待在家里与保姆刘阿姨玩，偶尔能在小区里活动下晒晒太阳。刘阿姨是妈妈单位同事的老家表妹，脾气好，又会做各种各样新奇的手工玩具，橙橙非常喜欢她。

这天，刘阿姨帮橙橙洗漱吃早饭后，自己去房间换了身衣服，还拿着之前带橙橙去小区里遛弯时的背包。橙橙可开心了，又蹦又跳地说道："欧耶耶哦啦啦……阿姨，阿姨，我要去小区滑梯那里玩！"

“今天阿姨想去参加一个朋友聚会，都是阿姨家乡的朋友，很久没见面了。橙橙能不能和阿姨一起去啊？”刘阿姨问道。

“可妈妈不让我出小区……聚会好玩吗？有小朋友吗？”橙橙动心了。

刘阿姨热情地说道：“好玩啊！可能会有小朋友吧！我们不告诉你妈妈，这是我们两人之间的秘密，好吗？”

“好的！”橙橙开心地准备去换鞋。这时家里的座机响了起来，刘阿姨赶紧跑去接听。原来是橙橙妈妈说今天有个客人到家里吃饭，让刘阿姨早些准备。最后，刘阿姨和橙橙只能留在家里，没有出门。

安全叮咛

1.在父母不知情的情况下拒绝参加保姆的朋友聚会。

保姆虽然会在日常生活中细心照顾小朋友们，有时甚至亲如家人，但她的朋友们却是我们不熟悉的陌生人，而且他们聚会时注意力也不会集中在小朋友身上，因而无法照顾小朋友。所以如果父母不知情，小朋友们不要参加保姆的朋友聚会，不要因一时贪玩好奇跟着去，以免危险发生。

2.紧急情况下说谎拒绝也是一种自我保护。

如果保姆威胁或引诱小朋友跟随她去聚会，紧急情况下说谎也是一种自我保护，比如用自己头晕、四肢无力等身体不舒服的小借口，或奶奶今天要打电话到家里来等。面对可能出现的危险，在不知如何拒绝或逃离时，说谎也是一种善意的保护。

3.及时告知家长相关情况，千万不要保守这样的坏“秘密”。

保姆在工作时间带小朋友参加自己的朋友聚会，本身就是失职的表现，而且还有相当高的风险，很有可能让小朋友被人贩子拐卖。所以小朋友们不要保守这样的坏“秘密”，避免危险发生。如果害怕保姆的恐吓，可以选择父母在场的情况下躲避远离保姆，并及时告诉父母。

4.注重保护隐私部位，避免过多交流隐私信息。

如果参加了保姆的朋友聚会，要注重保护自己的隐私部位，也就是游泳衣遮盖的身体区域，千万不要离开保姆的视线与她的朋友们单独相处，即使是去厕所也要求保姆一同去；避免交流过多的隐私信息，比如父母的姓名、工作、联系方式以及自己家的经济情况等，以免被坏人利用。

应急小贴士

保姆提出带你去参加她的朋友聚会，如果当时家人不在身边，不要直接拒绝，更不要抬出父母或其他家长去压制她，容易出现适得其反的结果。尽量想办法找些不能出门的理由，哪怕是谎言，能解决问题就是好方法。

二
公共场合
遇到侵害危险时怎么办

1 遇到陌生人和我套近乎怎么办

!!! 情景再现 !!!

学校放暑假了，奶奶经常带果果在小区花园里玩耍，晴天就在树阴下与小朋友滑滑梯玩游戏，雨天就打着好看的小雨伞踩水花……

这天，果果和小伙伴正在铲沙子堆城堡，奶奶叮嘱了果果别乱跑后就进旁边的蔬果便利店买东西去了。“小朋友，你这堆的长城吗？好漂亮啊！”有个戴眼镜的叔叔凑过来问道。

“我们堆的是迪士尼城堡，公主住的地方。我妈妈说等明年我7岁的时候就带我去香港的迪士尼城堡玩！”果果抬了下头，骄傲地说。

“我说呢，怎么这么气派啊……你叫公主吗？”叔叔笑着问道。

“我叫果果，苹果的果！”果果撅起了小嘴巴。

“哦，好的好的，果果，那你肯定最爱吃苹果喽？”叔叔靠近了果果神秘地说。

“是呀，水果我都爱吃，榴莲我也吃哦……”果果聊起这个话题还真是打开了话匣子。

“我也超级爱吃水果，咱俩真像啊……”叔叔又靠近一点压低声音说，“我刚买了榴莲，要不然，去我家吃吧？好东西要分享给好朋友啊！”

“不过我得等我奶奶……”果果站起身正看到奶奶从便利店走出来，她大叫奶奶快点过来，回头准备介绍给叔叔的时候，叔叔竟然没打招呼就走远了。这个叔叔真奇怪！

奶奶走到果果身边，听果果说刚才有人邀请她去家里做客吃榴莲，奶奶吓坏了，她再也不敢让果果独自离开她的视线了。

安全叮咛

1.与陌生人交流提高警惕，该拒绝就拒绝，更不能和陌生人去不熟悉的地方。

陌生人就是我们不认识的人，打招呼或简单的交流虽然不可避免，但要提高警惕，尤其是面对成年人过分热情地套近乎的时候，必要时可以礼貌回复“不好意思我不认识您”表示拒绝，更不能在不经父母同意及陪同的情况下，跟随陌生人一同前往某个地方。

2.谨防陌生人套取我们过多的个人信息。

陌生人与小朋友们套近乎的时候，一般都是态度和蔼且笑嘻嘻的，迎合小朋友们说话的内容及语气以拉近距离，或者不经意间套取小朋友们的喜好及个人信息。所以小朋友们要注意，避免透露过多的个人信息，如姓名、年龄、父母信息、家庭地址、家庭经济情况等，谨防被有心的坏人利用。

3.不贪吃陌生人给的糖果、零食等食物，更不能接受陌生人送的礼物、钱财。

在家长不知情的情况下，陌生人给的糖果、零食、礼物、钱财等，极有可能是用来迷惑或胁迫小朋友们做不好事情的一种“武器”，所以坚决不能因贪吃或贪财而接受，想要的话，我们的家长会给我们买更多更好的、我们更喜欢的。

4.遇到陌生人被拒绝交流后仍然不放弃继续尾随的，及时寻求家长帮助，或快速跑到安全地带。

有些陌生人被拒绝交流后仍然不放弃一直跟随，这时小朋友们要进入一级戒备状态，及时寻求身边家长的帮助，或者迅速跑到人多的安全地带，大声说“我不认识你”以引起周边人群的关注。

应急小贴士

独自玩耍时遇到陌生人套近乎，应保持警惕，及时到人多的安全地带，且不要留在原地给有坏心思的人以可乘之机。

2 上厕所的时候有人偷看我怎么办

!!! 情景再现 !!!

阳春三月正是踏青的好日子，7岁的雯雯今天就与爸爸来到了湖边公园，想感受些春天的气息。走走停停不知不觉快到中午了，雯雯看到了卫生间，告诉爸爸她要上厕所，然后径直进去了。

午间时段卫生间里没什么人，不用排队。于是雯雯走进其中一间，忽然想起今天的裤子有点长，弯腰正准备卷下裤腿，竟然发现右侧隔板下面的空档处有个反光的物体。她蹲下看了眼这奇怪的像镜头一样的东西，一脚踩上去，“咔嚓”一声，那东西碎了。“喂——”一个男人急切的声音传来，雯雯吓了一跳，赶忙问：“谁？”四周静悄悄的没有声音。雯雯赶紧走出隔板间，发现右边隔间标志处显示有人，雯雯怯怯地问：“里面有人吗？”依旧没有回答。雯雯越发觉得奇怪，赶紧跑出卫生间去湖边找爸爸，什么也没敢说。

围着湖边转了一会儿，又看到另一个卫生间，雯雯就对爸爸说快憋不住了，让爸爸陪她一起进去。爸爸笑着说刚才不是才去了嘛，而且爸爸是男士，不能进女厕所。雯雯害怕再听到奇怪的声音，只好向爸爸说了刚才的事儿，爸爸听完长舒了一口气："幸好你跑出来了，万一坏人出来抓住你多危险啊！那坏蛋这会儿肯定跑了……以后你去厕所爸爸就在厕所门口等着你，有危险大声叫我！"雯雯使劲点了点头，心想：爸爸就是守护我的超人！

安全叮咛

1.偷看别人上厕所是侵犯隐私的违法行为。

小朋友们，偷看甚至偷拍别人上厕所是侵犯他人隐私的违法行为，发现这样的人，需要及时告诉家长。

2.谨防厕所偷看、偷拍行为的注意事项：

（1）进入公共场合的厕所要先观察，看看是否为独立隔间，独立隔间的隔板下面

是否有空档，是否能锁门，四周是否有摄像头或不明反光物体，那些反光物体极有可能是摄像头，不明物品则极有可能含有细小的针孔摄像头，所以万万不可大意。

（2）进入不熟悉地方的公厕时，应尽量结伴同去，不要单独行动，进入时先看下周边隔间是否有人。

（3）上厕所时不要看书、玩玩具甚至是玩手机，更不要大声说话，以免分散注意力。

3.遇到有人偷看、偷拍时的应急处理方法。

厕所人多时，发现有人偷看或偷拍应大声呼救，引起其他大人的关注，让大人将偷看、偷拍的人当场抓住，并报警依法处理；独自一人时，应赶紧离开卫生间到人多的安全地带，及时告诉家长或老师，由他们报警处理。

4.不要害羞保守这种秘密，更不要因此害怕去厕所。

遇到上厕所有人偷看的情况，不要因为害羞而保守这种秘密，更不要因为害怕从此不敢去厕所。这不是你的错，这是坏人们的错，会有警察及法律去捉拿并惩治。如果因此存有心理阴影，可以向信得过的亲人或老师倾述，让他们帮帮你。千万不要影响正常的生活、学习。

应急小贴士

独自一人在公厕遇到偷看的人，千万不要惊慌地大声喊叫，避免刺激坏人做出更加危险的举动；应迅速离开至安全地带，及时告诉家长或老师，报警处理。

有人在我面前忽然暴露身体怎么办

!!! 情景再现 !!!

小荷与小叶同班且住在同小区，有着很多相同的兴趣爱好，放学又一起搭伴回家，是对无话不说的好朋友，有着小姐妹般的牢固友谊。这天两人放学后在培优班多待了会儿，所以回家时天色有些晚了，幸好两人作伴，天黑倒也不害怕。

从小区侧门刚进来不久，看见几个阿姨匆匆忙忙地迎面跑来，两人正兴高采烈讨论着巴拉巴拉小魔仙，也就没在意。快到小荷家楼下时，有个

穿风衣的叔叔从花坛冬青丛里走出来，双手插在风衣口袋里盯着她俩笑，两人愣了下正准备绕过去。谁知那个叔叔突然张开双臂敞开了风衣，天啊！里面竟然没穿衣服！小荷、小叶吓得哇哇大叫，飞快地跑到了三楼的小荷家，使劲砸门。小荷爸爸开门看见小荷紧张气喘的样子，而且小叶也来了，忙着打招呼道："小叶来了啊？快进来。小荷，你怎么了，跑得这么着急？"

小荷赶紧把刚才楼下的一幕告诉了爸爸，虽然天黑看不清，但很确定那人风衣里没穿衣服，好吓人！爸爸赶紧给物业公司值班人员打电话，他们说已接到投诉并报警了，会尽快处理。爸爸回过头来说："幸好我在家，那人也没跟着你们上来……"小荷、小叶一听，真是感到后怕。

安全叮咛

1.公共场合故意暴露身体是违法行为。

晚上，在公园或电影院附近人不多或者偏僻的地方，有些人会向异性突然暴露自己的身体，尤其是隐私部位，这种在公共场合故意暴露身体的行为，是不对的，必须制止。

2.遇到"暴露狂"从容走开，远离并寻求保护。

遇到"暴露狂"不要惊慌，你越害怕他们越开心；应该赶快跑开，或者赶快跑到人多的地方。一般"暴露狂"都是惊吓完人后立即逃走，移动作案，如果还在跟踪你或有其他进一步的侵害风险，必须回到家长身旁并报警。

3.不要产生羞耻的情绪，更不要因此害怕不敢出门，必要时可进行心理疏导。

遇到“暴露狂”，不要因为害羞而保守这种秘密，也不要因此而产生羞耻及憎恶的情绪，更不要因为担心害怕从此不敢出门。这是存有心理疾病及缺陷的坏人们的行为，并不常见。遇到这种状况及时与家长或老师交流，如果因此存有心理阴影，必要时可以求助于心理咨询师进行疏导，千万不要影响正常的生活、学习。

应急小贴士

遇见“暴露狂”冷静对待即可，他们少有攻击性和暴力倾向，避而远之是最好的方法。小朋友们千万不要追打他们，避免刺激这些存有心理疾病的人对你做出实质性的伤害。

4 坏人对我做了不好的事还不让我告诉家长怎么办

!!! 情景再现 !!!

小区旁边的商场里新开了家游乐场，有座四层的超大滑滑梯，还有各种新奇的探险基地，玩过的小朋友都喜欢。学校放暑假了，泽泽便开启了每日泡游乐场的生活。

这天泽泽又来到了游乐场，奶奶坐在休息区，不时与周边的家长闲聊几句。泽泽爬到三层正准备向四层挺进时遇到了困难，因为个子矮他够不到爬向四层的绳索，后面跟上来的好几个小朋友也都与泽泽差不

多年龄，身高受限去不了四层。这时，一个穿黄色背心的叔叔半弓着身子从独木桥挪过来，微笑着说："小朋友们，需不需要叔叔帮忙啊？"小朋友们开心坏了，争先恐后拥向叔叔。叔叔最先点到泽泽，让泽泽背对着他，他一只手从泽泽胳膊下穿过放在他胸前，另一只手托住他的屁股，顺势亲了一口他的脸，说了句"走"，就将他送至绳索下面的软墩子上了，托住他的那只手最后还捏了捏他的屁股。

泽泽疑惑地问："叔叔，你捏我屁股做什么？妈妈说屁股不能随便摸。"

"叔叔怕刚才托你屁股用力太大弄痛你了，所以给你揉一揉。这是能上去的唯一方法啊！你还想玩吗？想玩就不能告诉任何人！"叔叔一本正经地说。

"好吧……"泽泽只好点头。

叔叔以同样的方法将所有小朋友送上四层后，脱掉背心就与他们再见了。但泽泽总觉得这事有什么不对的地方。

安全叮咛

1.及时意识到坏人对我们做了不好的事，千万不要无动于衷，应及时呼救。

坏人看或接触我们的隐私部位，或者做令我们不舒服、不愿意的事（比如亲脸、拥抱等）时，千万不要认为是长辈的"关切"或做游戏，要勇敢地说"不"！

小朋友们判断力较弱，应该及时意识到坏人对我们做了不好的事，不容忍纵容，应及时制止并进行自我保护。

2.千万不要受坏人诱导或胁迫而保守秘密。

在家长或老师不知情的情况下，坏人经常会以送零食、钱财、礼物等方式诱导我们保守秘密，或者以暴力手段威胁我们，不让小朋友告诉家长和老师。其实，坏人只是害怕事情败露要接受法律制裁及道德谴责，我们的家长可以给我们买更多、更好的东西，也比坏人更厉害、更能保护我们，所以千万不要保守这样的秘密，让坏人继续做坏事。

3.迅速转移至安全地带，及时与家长或老师沟通交流。

如坏人已对小朋友做了不好的事，小朋友要在能摆脱坏人的时候及时跑开，如果周围有人，就大喊："救命！有坏

人！”从而引起关注并寻求保护。

及时与家长或老师沟通交流，并报警，必要时还应去医院检查身体情况，如果还是心里害怕，可以求助心理咨询师进行疏导，尽快让自己开心起来。

4.面对坏人的暴力胁迫机智逃离，必要时击打要害部位脱险。

面对坏人的暴力胁迫，想办法逃离其控制，哪怕是说谎，也要迅速跑到人多的安全地带。如果激怒坏人，可能会让我们更危险，必要时可狠踢坏人的下体（裆部）、肚子，抠坏人眼睛，在坏人疼痛时趁机逃离。

应急小贴士

遇到坏人对我们做不好的事还不让告诉家长时，不要慌乱，想办法逃离是关键，千万不要提报警刺激坏人。

5 有人一直跟踪我怎么办

!!! 情景再现 !!!

今天可可上完舞蹈课后，妈妈单位有急事要赶回去，所以只把她送到小区门口便匆匆离去了。可可见妈妈走远后，便走进便利店想买点零食吃。在货架前徘徊了好久，到底选薯片、话梅还是棒棒糖呢？可可又走到另一排货架前，一转头发现货架那头有个叔叔正在看她，见她转头立马收回目光看向了货架。可可没怎么在意，拿起一支棒棒糖付款后走出了便利店。可可照旧数着路边的车往家的方向走去，数到十就来个漂亮的转身，可这次不对了，她好像看到刚才便利店那个叔叔还在她身后不远处。可可停住脚步回头仔细看，那个叔叔正悠闲地站在路边打电话，边打还边望向这边。可可害怕了，赶紧转到花坛小径朝家里跑去，连头都不敢回。

“可可……”是爷爷的声音，爷爷正在花坛中央遛狗呢！“爷爷……”可可激动地飞奔扑向爷爷，眼泪差点掉出来。爷爷问可可受什么委屈了，可可说后面有人跟踪她。可现在，后面哪有人啊！爷爷安抚可可说：“没关系，有警惕性是好事，不过万一有人跟踪，你跑到这里，而我又不在，那多危险啊？得往人多的地方跑啊！”可可使劲地点着头。

安全叮咛

1.单独外出应提高警惕，尽量结伴而行。

小朋友们自我保护能力差，单独外出时应提高警惕，尽量和小伙伴一起走，晚上坚决不能独自外出。

2.可通过“听、停、看、转、反”的方式判断是否真的被跟踪。

可以通过经常回头看来判断是否被跟踪，方式主要有五种：

（1）听。听听有什么动静，判断是否有特殊状况。

（2）停。在安全地带停下来，看你怀疑的人是否继续前行，如果磨蹭不前，极有可能是跟踪你的人。

（3）看。看下周围环境是否有异常。

（4）转。横过马路看你怀疑的人是否还紧跟你，或者向左转向右转，如果一直未离开你怀疑的人的视线，就能肯定你被跟踪了。

（5）反。向相反的方向走，如果你怀疑的人也故意跟着你，就能肯定你被跟踪了。

3.被人跟踪不惊慌，跑至人多热闹的地方，及时联系家长或老师。

被人跟踪后不要害怕惊慌，跟踪的人一般都是做贼心虚的。小朋友们可以迅速跑到人多热闹的地方，千万不要走偏僻的路。如果这样还是未能摆脱坏人，应及时向路上的大人们寻求帮助。

4.记住跟踪者特征，必要时报警。

尽量记住跟踪者的特征，小朋友如果携带手机，也可把“110”电话或亲朋电话号码提前按出来，手拿着手机，一有情况马上拨出，免得到时来不及拨号。拨出电话后，应说明有人跟踪你和你的具体位置等重要信息。

应急小贴士

如果小朋友们发现跟踪者靠近自己有危险，可以大声呼救“救命！有人抓我”，引起周边人的关注。

6 公交车上有人总是触碰我怎么办

自救好办法，
扫一扫学到手！

!!! 情景再现 !!!

8岁的甜甜今天运气真好，放学回家的公交车上竟然有空位，而且还是她最喜欢的靠窗的位置，太幸运了！

临近晚高峰时段，路开始堵起来，走走停停的节奏让很多人都困了。甜甜看着窗外的霓虹灯，想着妈妈说的话了，妈妈答应暑期旅游要带甜甜去青岛海底世界。甜甜正想得入神，突然感觉大腿上有东西，甜甜低头一看，是旁边叔叔的手，叔叔闭着眼睛歪着头睡着了，估计也不是有意的，

甜甜就用书包将手推开，自己继续看向窗外。过了一会儿，甜甜又感觉到邻座叔叔的手落在自己的大腿上，夏天的裙子薄薄的，这手放在自己身上好别扭啊……甜甜继续用书包推，结果没把手推开，那个叔叔的身体竟然向甜甜歪过来，甜甜只好向窗边靠近些，一挪再挪。

终于熬过了几分钟，甜甜即将到站，她站起来躲瘟神一样赶紧向车门走去。那个叔叔这时好像醒了，揉了揉眼睛，竟然对着甜甜笑了一下。一到站，甜甜第一个冲下车，只想避开这个奇怪的叔叔。

安全叮咛

1.牢记公共交通工具上相对安全的位置，尽量结伴而行。

选择公共交通出行，留意观察哪里是安全的位置，除了摄像头拍摄范围相对安全，还有部分位置也比较保险：公交车或长短途大巴，尽量靠近司机或售票员；地铁可选择靠近车门的位置。小朋友们乘坐出租车、火车、飞机、轮船时，跟随家长或老师，不要落单，尽量结伴而行，这样可以相互照应。

2.警惕碰你的人，借助物品判断是否为“咸猪手”。

小朋友们选择公共交通出行时，要警惕那些碰你的且让你不舒服的人，可以用书包、水壶隔开陌生人触碰你的身体部位，或者躲避至姐姐，阿姨较多的位置，又或者挪到司机或售票员附近。如果陌生人依旧尾随你，还触碰你的身体甚至是隐私部位，那就是以触碰他人获得满足的变态“咸猪手”，不要对其“睡着了”、“车辆不稳”的借口宽宏大量，更不能对其总碰你的行为无动于衷。

3.遇到“咸猪手”，略施小计侧面警告：

（1）如果坐在你身边的人总碰你，挪开触碰的位置将钥匙放在中间，钥匙尖锐的一头朝向那人，再施“咸猪手”就让他自讨苦吃。

（2）对那只“咸猪手”狠拍一下，边打边说“有臭虫”或“有蚊子”之类的话语，侧面警告。

（3）指向总碰你的人附近的位置大声说“地上这是谁的钱包”之类的话，吸引周围人的注意，侧面警告。

（4）随着车辆的晃动狠狠踩总碰你的人的脚，侧面警告。

4.当面揭穿“咸猪手”面目后，要谨防报复。

不姑息“咸猪手”行为，可侧面警告，也可在人多的情况下当面揭穿。千万不要在没有太多人的情况下正面起冲突，谨防刺激到坏人实施进一步暴力侵害。下车时一定要注意后面，防止总碰你的人尾随你下车报复。下次乘坐同线路时，尽量和小伙伴一起走，提高警惕。

应急小贴士

小朋友们属于未成年人，自我保护能力较弱，单独出行时若遇到“咸猪手”，千万不要强行揭穿其面目，应赶紧跑到安全地带，如坏人还继续尾随，可略施小计侧面警告，找个合适时机下车，避免被跟踪报复。

7 有人向我强行乞讨怎么办

!!! 情景再现 !!!

8岁的鑫鑫每天放学都与同小区的同班同学可可一起结伴回家，快过年了，回家路上他们一面走一面聊着“压岁钱”的话题，两人正在为过年谁的压岁钱比较多争得面红耳赤，不知不觉已经走到了小区斜对面的过街地下通道。

“小朋友们，行行好，给我点钱吧，我两天没吃东西了……”

鑫鑫和可可被突然出现的乞讨者吓了一跳，眼前这衣衫褴褛的叔叔头发乱糟糟的，一双眼睛正紧紧盯着他们，这眼神有点吓人。鑫鑫拉着可可赶紧转弯打算绕过去，乞讨者也朝相同方向走了几步堵住他们，嘴里念

道：“好人一生平安！可怜可怜我吧……”

“我们……我们没钱……”鑫鑫支支吾吾解释道。

乞讨人竟然笑了：“我刚才都听到了，你俩不是收到很多压岁钱嘛，随便拿出一点点救济下我这可怜人，积福哟！别太小气！”

“我们现在身上没钱，真没钱！”鑫鑫一说完便拉着可可的手撒腿往家跑，边跑边回头看乞讨者是否追上来了。幸好，那人留在原地又转向其他人乞讨了。

安全叮咛

1.遇到乞讨人群，不咒骂、不取笑、不戏弄，面对强行乞讨，更不能随便给予。

社会上的人有贫富差距，有些人因为天灾人祸或特殊原因确实经济困难又没有劳动能力，可能会沿街乞讨。小朋友们不要因为他们衣衫褴褛而进行言语上的咒骂、取笑、戏弄，这样极有可能刺激他们导致不必要的伤害。

2.遇到强行乞讨应远离避开，寻求成人帮助，谨防团伙作案进行报复。

有些乞讨者并不是因经济困难才乞讨的，他们是在“演戏”。遇到假扮的强行乞讨者应尽量远离避开，不搭理、不做声，避免被缠上后无法脱身。多观察下周边是否还有其他乞讨人员，或迅速离开，谨防团伙作案被伤害。

如果被缠上，应先表明自己的学生身份，同时表示没有携带钱财等有价值物品，并寻求周围成人的帮助。

3.公共场所不张扬、不炫富。

小朋友们应牢记：公共场所不要向人炫耀随身携带的贵重物品，身上不

要带太多钱，不佩戴金银首饰等，不张扬、不炫富，不让坏人有机可乘。

4.遇到强行乞讨千万不要露怯。

遇到强行乞讨，千万不要害羞露怯，越惧怕越容易被缠上，不搭理、不做声，要快走避开。

应急小贴士

遇到强行乞讨的人，小朋友们不要搭理，跑回人群里即可，千万不要有任何肢体接触，谨防“碰瓷”。

8 有人付费让我带路怎么办

!!! 情景再现 !!!

亮亮从小区门口的乒乓球俱乐部练完球刚进小区，一辆面包车便停在他身边，一位叔叔摇下车窗探头问道：“小朋友，麻烦问下怡和园116栋在哪里啊？”

亮亮热心肠地回答道：“一直向前，第二个路口右边就是二期怡和园，116栋就在最里面。”

“看来有点远啊……这小区太大了。”叔叔挠了挠头，笑着对亮亮说，“小朋友，我这事特着急，我对这个小区又不熟悉，不如你帮我带下路吧？我开车很快的，不会耽误你多少时间。怎么样？”

亮亮犹豫了，这一身大汗还想赶紧回家洗澡呢！

叔叔看到亮亮为难的表情，继续说道：“这样吧，小朋友，我付钱给你怎么样？50块钱！要不是急事我也不会这样，这也算是你的劳动成果，帮帮叔叔的忙吧？”

亮亮心想这钱也太好赚了，正准备答应，这时电话手表响起来，妈妈催亮亮赶紧回家吃饭，限时5分钟。亮

亮只得不好意思地对叔叔说："叔叔，不远，你进小区后再问人吧，我这有更急的事，要不然我下个月的生日礼物就没了！拜拜……"一说完，亮亮一溜烟飞奔回家了。

安全叮咛

1.指路是帮助，带路有分寸。

帮助别人是友善的行为，如果不认识路，应明确回复"不好意思，我也不认识"，如果遇上陌生人请求带路，则应尽量拒绝，指明道路即可。

2.千万不可贪恋钱财，谨防利诱骗局，更不能上车带路。

千万不可贪恋钱财，付费带路极有可能是诱饵，利诱小朋友们上车，小恩小惠容易让小朋友们放松警惕，从而实施进一步的伤害。天上没有白掉的馅饼，如果陌生人提出向你付费，应提高警惕识破骗局。

上车带路是万万不可的，上车进入密闭空间后，人身自由被限制，即使大声呼叫"救命"也无济于事，所以一定要避免。

3.若被缠上，拒绝后及时转至安全地带，谨防团伙作案。

若被陌生人以带路为借口缠上，应表明自己有急事明确拒绝，并及时跑到人多或相对安全的地带，比如穿保安制服的人员身边，谨防问路的陌生人团伙作案，实施打击报复。

4.外出尽量结伴而行。

小朋友们自我保护能力差，单独外出时应提高警惕，尽量结伴而行，三人行则相对安全。

5.付费带路被拒后，谨防陌生人后续借财物的骗局。

陌生人提出付费带路被拒后，小朋友们还应谨防后续其他骗局，如借用电话拨打给熟人问路、借用下零钱趁机抢劫等。

应急小贴士

不可轻信陌生人有急事的谎言，小朋友们在没有家长或老师陪同的情况下千万不能带路。

有人送我一颗从没见过的巧克力怎么办

!!! 情景再现 !!!

豆豆最喜欢小区对面的儿童游乐场，那儿的游乐设施应有尽有，而且每天都有好多小朋友一起玩，特别好玩。今天豆豆就与一众小朋友跟着一位大姐姐玩得不亦乐乎。她特别逗且特会玩高难度游戏，小朋友们都围着她亲昵地喊“姐姐”。家长们坐在远远的门口休息区，看到有人当孩子王哄着小朋友们开心，倒也省事省心。

小朋友们随着大姐姐玩了许久，大家都有点累了，于是，大姐姐吆喝大家补充下能量，她将背包打开，拿出一盒巧克力，只见各式各样的小酒瓶形状的巧克力精致可爱极了。豆豆可从没见过如此包装的巧克力，便兴奋地对大姐姐说：“好漂亮啊！我都没见过……”大姐姐解释说这是她朋友从意大利带回来的进口巧克力，她之前也没见过，因为和大家都是朋友，所以拿出好东西来大家一起分享。豆豆剥开赠送的巧克力，随口问了句是夹心的还是榛仁的，结果大姐姐说的话让豆豆正送巧克力进口的手停在了半空中。这竟然是酒心巧克力！里面竟然还有伏特加等各式酒！天啊，豆豆可是重度酒精过敏症患

者，这要是吃下去，那过会儿就会全身过敏起红点，还不得直接送去医院啊？！豆豆赶紧收回手，还好没吃进嘴里。看来天上掉的“馅饼”也不能随便吃啊！

安全叮咛

1.千万不要随便吃陌生人给的东西，尤其是没见过的东西。

我们谁也不知道陌生人给的东西是否卫生，是否添加了我们不能吃或者对我们有害的东西，更不能因为好奇心的驱使、贪图小便宜或者从众的心态去随便吃，尤其是没见过的东西，更要小心。

2.委婉拒绝，实在难以拒绝，只接受，不吃为妙。

遇到陌生人主动给东西吃，须委婉拒绝，如果实在难以拒绝，可以先将东西接受，走远后扔掉，或者回家与父母交流后再决定是否食用。

3.不要因一时嘴馋误事，更不要以等价交换的方式获取食物。

小朋友们不要因为一时嘴馋就随便吃陌生人赠送的食物，更不要觉得不好意思便以等价交换的方式获取，因为有可能出现对方吃了你赠送的食物后借口有问题对你进行敲诈的情况。要时刻保持清醒，不要与陌生人有食物、钱财的交往。

4.及时与家长或老师交流，谨防过敏症状。

如果在家长未陪同的情况下吃了陌生人赠送的食物，须及时与家长或老师交流，确保食品安全，谨防过敏症状。

建议有过敏史的小朋友们，将过敏源和抗过敏药的信息整理到随身携带的包或衣服口袋里，万一因为食物不耐受导致过敏甚至意识不清醒时，可以方便周围人员进行急救。

应急小贴士

遇到陌生人赠送食物，尤其是没吃过的食物，一定要提高警惕拒绝诱惑，可用“谢谢，我已经很饱了”“不好意思，我对这个过敏”等借口，委婉拒绝。如果对方过分热情甚至有点强行赠送的意味，不妨礼貌接受，请父母来判断是否可食用。

三
遇到
校园暴力
或欺凌时怎么办

遭遇收“保护费”怎么办

!!! 情景再现 !!!

赫赫的爸妈常年忙于自家饭店的生意，越是节假日越不得闲，陪他的时间很少，所以赫赫妈妈平时尽量给他多买些名牌的吃穿用戴，多给些零花钱，来表示内心的愧疚。于是，学校的同学们都知道，三年级二班那个天天名牌傍身的小男孩，就是赫赫！

这天赫赫放学后便到校门口便利店买了些零食边走边吃，刚走了没几步，隔壁班的小乐就招呼他进旁边的巷子看个好东西，赫赫好奇地跟过去，竟然发现里面站着三个高年级的哥哥，他们迅速把赫赫和小乐逼到墙角围住了。听说这几个人不好惹，打架特别凶，天不怕地不怕，赫赫慌了，怯怯问道：“哥哥……有事吗？”

“听说你每年零花钱的利息都够买辆山地车了，这一大笔钱可得注意保护啊……要不这样，我们仨保你在学校的安全，你也别不好意思，每个星期象征性给我们100元服务费就行。”其中一个半皱着眉头说道。

“我是学生，哥哥，哪有这么多钱？我今天刚把这周的零用钱买这些了……真没钱了……”赫赫将刚买的零食摊出来，一脸无奈。

“就你这脚上耐克、身上阿迪的天天不重样，你能没钱？骗谁呢？！明天放学不交服务费，走路就小心点！”说完，三人走出了巷口，只剩赫赫和小乐留在原地。明天怎么办呀？

安全叮咛

1.交“保护费”，有第一次就有第二次，更何况收“保护费”有违法律和道德，所以不能“交”。

校园“保护费”一般都是社会人员对学生、高年级学

生对低年级学生的校园欺凌方式，那些胆小怕事的弱势群体往往是被欺凌的对象。无论是“保护我们在校的安全”还是“在他的地盘就得交”的胁迫理由，只要我们对交“保护费”这种行为进行妥协，那么有第一次就有第二次，甚至会无休止地循环下去，更何况这有违法律和道德，所以坚决不能“交”。

2.遇到收“保护费”，不要胆小怕事，想办法逃离现场寻求帮助。

收“保护费”的人本质就是欺软怕硬，所以不要胆小怕事。收“保护费”的人，看起来很凶、很厉害，但其实，真正厉害的人是不会在学校收学生的保护费的。如果遇到收“保护费”的情况，应想办法逃离或想办法应付，比如用“我今天没带钱”等理由，逃离现场后再去向老师或校方反映寻求帮助，必要时可以拨打110报警，同时必须告知家长，不要觉得没出息或者害怕而保守这样的秘密。

3.千万不要搏斗或正面冲突。

当我们遇到收“保护费”的人时，如果态度变得很强硬，甚至比他们更蛮横、更暴力，则很可能引起搏斗或正面冲突。未成年人身心尚不成熟，容易受外界刺激引发不必要的冲突，所以硬碰硬的方式不可取，不妨根据当时的情况进行巧妙应付。

4.校园日常及上下学途中，尽量结伴而行。

校园日常及上下学途中，小朋友们应尽量结伴而行，避免独自处于较为复杂的环境中。

小朋友们在校园生活中要学会社交，不合群的人容易成为收“保护费”的目标人群，所以应积极地交朋友，这样哪怕遇上危险，还有朋友来帮助自己，帮我们想办法寻求帮助。

应急小贴士

遭遇收“保护费”的情况时，不要胆小怕事，应尽快逃离，及时向老师或校方反映，必要时可以报警，或者直接奔向学校周边的警务室。

2 被大家孤立了怎么办

自救好办法，扫一扫学到手！

!!! 情景再现 !!!

爸爸妈妈因工作调动到另一个城市的缘故，小威离开原来生活的城市转到现在的小学就读。正赶上学校准备儿童节汇演，小威班里计划表演特色大合唱，表现班级凝聚力，老师在班上征集参加的同学，大家都积极踊跃报名，只有小威低着头。

下课后，老师找小威谈心：“小威，这次大合唱，你要不要参加下？比如唱歌？”

小威依旧低着头说道：“我不太会唱歌，也没什么才艺……我还是不参加了吧……”

“小威，你刚来咱们班时间不长，但我有仔细观察过你与同学们之间的交往，你有没有感觉有些别扭呢？”有着多年教学经验的老师慢慢开导

起小威。

“我……我觉得……还好啊……”小威支支吾吾起来。

“小威，刚来到陌生的环境会有些认生，所以我也鼓励一些同学多与你交流，但大家说你不太合群，喜欢自己一个人待着。其实你身边有很多有趣的事情、有趣的人……我建议你多多参加些班级活动，多和同学们说说话，哪怕是不会的题目问下同学，也能和同学们快一些熟悉起来。”

小威抬起头望了老师一眼，点了点头。

安全叮咛

1.不要把“被大家孤立”当成心理负担，要相信可以改变这种暂时的状况。

校园生活也是社会生活的部分缩影，如果“被大家孤立”了，千万不要当成心理负担从而造成精神上的压抑和伤害，要相信时间可以淡化一切，努力做出相应的改变，就能改变“被大家孤立”的局面。

2.分析被孤立的原因是关键：

(1) 如果仅是某几个同学孤立你，那你可以不用太在意，待人做事无愧于心就好。避免发生正面冲突即可。

（2）如果大家都孤立你，那就要想下是不是自己的行为有不妥，还是自己的性格使然，再寻求改变。

（3）如果是有人误会你导致你被大家孤立，那找合适的机会解释说明一切，不要把误会扩大。

3.被大家孤立应努力改变。

如果自己某件事做得不对被孤立，那就找合适的时机坦诚道歉缓和关系，或者过段时间事情淡化后也就自然而然过去了。

如果是不知不觉中被孤立，那极有可能是自己的性格原因。过于内向或过于敏感容易让大家认为不好相处，可以让自己开朗主动些，多参加班级活动，多参与同学们感兴趣的话题，这样慢慢就能融进同学中了。

4.同学相处时千万不要做的事：

（1）千万不要以自我为中心，过于高傲。

（2）千万不要孤僻不说话，过于内向胆小怕事，更不要沉迷虚拟的网络世界，与现实中的人欠缺交流。

（3）千万不要为自己的不当行为找借口，不要像刺猬一样过于防备别人。

（4）千万不要太心直口快伤害同学。

应急小贴士

被大家孤立寻求改变时，可以主动去和别人交往，最好能有几个玩得好的同学，让大家明白，你并不是异类，你是与大家一样好相处的小朋友。

3 被一群人围殴羞辱怎么办

!!! 情景再现 !!!

潇潇是个长相清秀的9岁女孩儿，她妈妈的装扮一直紧跟时尚，所以也把潇潇打扮得特别时尚，校服里的毛衣都是最新款的。这天课间，潇潇独自一人去厕所，结果在门口正碰到一群高年级的姐姐，她们紧紧盯着潇潇的眼神，让潇潇不寒而栗，忙低头快步行走。

“站住……”其中一个姐姐伸手拦在了潇潇前面。潇潇抬起头，什么也没说，紧张地把手插进了上衣口袋。拦她的姐姐站到潇潇面前，扯了下潇潇的领子，靠近说道：“听说你挺懂时尚的，这校服穿着，也没看出多时尚啊……”其他几个姐姐也相应哄笑起来。

“我不懂什么时尚……我想去厕所……”潇潇后退了几步，怯生生地说。

“不懂啊……那姐姐们教教你什么叫时尚呗！现在先把校服脱了，让我们看看你的基础条件。”带头的姐姐不依不饶，越来越过分。

潇潇双手护在胸前，慢慢退到了墙角。正在这时，不知谁喊了句“周老师来了”，几个高年级的姐姐立马各自散开，像什么也没有发生一样。潇潇赶紧往自己教室方向跑去，正好撞见好朋友甜甜，两人拉手跑回教室后，甜甜苦笑着说：“潇潇，你可得好好谢谢我那句周老师来了……老周这教导主任的分量绝对有冲击力啊！”

安全叮咛

1.校园里遇到被一群人围殴羞辱时，尽快逃离现场。

青春期的孩子身心发育不完全，情绪有时不稳定，容易暴躁失控、自我调节能力差，校园欺凌时有发生。如扯头发、扒衣服、将垃圾桶扣头上等，这都不是正常的同学间的打闹行为，而是欺凌。如果小朋友们在校园里遇到被一群人围殴羞辱的状况时，受欺凌的你应尽快逃离现场，或者寻找可插入的话题分散对方注意力，缓解气氛，借机逃跑或到人多处大声呼救。

2.千万不要胆小怕事，要注意保护隐私部位。

千万不要胆小怕事任人伤害，一味去顺从只会加深伤害，助长施暴人的暴虐倾向。保持沉着冷静，必要时传递出“我也不好惹”的信息。

时刻注意保护隐私部位，防止被拍摄及进一步的实质性伤害。

3.及时与家长沟通，并向老师或校方反映，必要时寻求心理咨询师的帮助。

遇到被一群人围殴或羞辱的事件，即使没有发生实质性伤害，小朋友们也要勇敢地说出来，事后及时与家长沟通，必要时可向老师或校方反映情况，不要因为是学校里的事情或者害怕而保守这样的秘密。因为越怕事越助长坏人的嚣张。

4.公共场所尽量减少独处时间。

小朋友们在公共场所不要一个人待着，结伴而行相对安全些。放学后尽量不要走人少、僻静的地方，要走人多热闹的大路，及时回家。

5.低调穿着不招摇。

日常穿着大方得体即可，穿戴用品低调些，不要过于招摇。

6.人身安全摆第一位，不要以暴制暴、意气用事。

任何状况下，小朋友们都应牢记人身安全是第一位的，千万不要在无法保证自己安全的情况下盲目反抗，不能意气用事，让自己陷入危险中。

应急小贴士

遇到一群人准备围殴羞辱你的突发状况时，应尽量先稳定暴躁易怒的施暴者的情绪，不要盲目对抗，然后想办法快速逃至人多的地方寻求帮助。

个人的秘密被泄露怎么办

!!! 情景再现 !!!

淼淼最近很不开心，爸爸妈妈吵架后互相不搭理已经一个多星期了，每天妈妈陪她吃饭，爸爸陪她做作业，周末也是一人陪她一天，家里再也没有欢声笑语，越来越显得冷清。好朋友乐乐发现了淼淼的不开心，放学后在与淼淼回家的路上问她原因。一想到乐乐是关心自己，淼淼就一五一十地告诉了她家里的事情，甚至将自己担心爸爸妈妈离婚这样的心里话也坦白地告诉了她，还嘱咐这是秘密让她别告诉其他人。

第二天，淼淼被班主任老师叫到办公室谈心，说她最近上课精力不集中，班级活动也心不在焉，是不是受到父母吵架的影响？老师会去找她父母沟通，也希望她不要因此影响学习。淼淼走回教室后，怒气冲冲地对着乐乐说："乐乐，我那么信任你，你竟然背叛我！这下连老师都知道我家里的事了！亏我还拿你当好朋友，你好意思吗？"

面对淼淼连珠炮式的指责，乐乐低头委屈地小声说："我只是告诉了佳佳，商量下怎么帮你，没想到她会告诉老师……"

淼淼转头瞪了下佳佳，又看了眼乐乐，她觉得她再也没有朋友了……

安全叮咛

1.个人秘密被泄露，要判断对方是善意还是恶意。

个人秘密被泄露后，不要马上指责"泄密者"，还是要区分对方是善意还是恶意的。

2.积极寻求解决方案，并请家人帮助自己。

知道个人秘密被恶意泄露后，思考下是谁泄露了秘密、哪些人知道这个秘密、这个秘密对你造成了哪些伤害、这些伤害是否能挽回，处理不了请家人帮助处理。

如果是朋友想帮你才告诉他人，不是恶意泄露，你们二人应心平气和地沟通一下，尽量由朋友澄清以挽回不必要的伤害，相信时间会淡化一切的。

如果对方恶意泄露你的秘密，这样的人不适合再做朋友，警告其行为的可耻，必要时可与家长或老师沟通。

3.注重保护个人隐私方面的秘密。

每个人都有秘密，如果是个人隐私方面的秘密，千万不要向任何家人之外的其他人提及，即使是最好的朋友。如果告诉别人，自己总会担心会不会被其他人知道，陷入无穷无尽的担忧从而造成心理负担。所以，保守秘密的最重要防线，就是自己。

4.交友应慎重。

小朋友们交友要慎重选择，不要结交不诚实的坏朋友。

应急小贴士

遇到个人秘密被泄露的情况时，千万不要有心理负担，更不要公开指责泄露人，这样只会让更多的人知道你不想公开的个人秘密。如果是恶意泄露隐私秘密造成人身伤害的，必要时可报警处理，因为散布他人隐私信息是违法行为。

有人总给我起不好听的绰号怎么办 5

!!! 情景再现 !!!

妈妈发现汪艺这几天有点不对劲，早晨赖床至少20分钟，洗漱时慢条斯理，吃早饭也慢吞吞，进校门也不情愿，总是要求下午爸爸妈妈早点来接她回家。难不成汪艺在学校里发生了什么不好的事情？妈妈不由得担心起来，于是，拉着汪艺的手仔细问她原因。

原来，最近学校里总有人给她起不好听的绰号。因为她姓汪，就有很多同学叫她“汪汪狗”；因为她的脸颊比较圆润，又有了个“大脸猫”的绰号；她听到绰号后一生气，将叫她绰号的同学的书都推到地上，结果又多了个“汪爷”的绰号……总之，各种她不喜欢的绰号源源不断地出现，每次都让她很烦恼，甚至不想去学校上学了。妈妈听到这里终于明白了，原来小艺不想去学校的原因竟然是这个!

安全叮咛

1.调整心态看待绰号。

朋友之间、同学之间起绰号基本都是为了拉近关系或开个玩笑，只要不是恶意的，不要太在意。不要烦恼纠结，让绰号影响你的心情。换角度来看，很多人给你起绰号，说明你在人群中是关注的焦点，只要不是恶意的，等你长大后，你会觉得这是一段有趣的校园回忆。

2.被恶意取绰号后怎么办?

小朋友们如果总是遇到别人给你起不好的绰号，那就好好分析下原因，看看怎么解决解决问题：

（1）如果是别人恶意歧视你的样貌或隐疾之类给你起羞辱性绰号，不能听之任之。要制止，可以向家长或老师反映问题，避免恶意中伤带来的持续伤害。

(2) 如果是自身性格或行为导致别人给你起不好的绰号，比如个性太强喜欢抢话或者总是玩坏同学的玩具等状况，应先尝试改变自己。个性过强的逐步改变自己，培养成善于聆听、待人接物宽容谦让的个性；总玩坏同学玩具的要学会道歉并珍惜他人的物品。

3.千万不要用暴力解决问题，避免不必要的伤害。

未成年人判断能力较弱，情绪容易受刺激失控，千万不要对叫你不好绰号的同学动手或恶语相向，暴力是解决不了问题的，只会加深彼此的矛盾，甚至造成不必要的人身伤害。

4.加强人际交往，不封闭自己，更不要产生厌学的错误思想。

校园是每个人踏入社会前的必经社交场所，学会积极正确地待人接物，培养良好的人际关系，才是避免“不好的绰号”持续发酵的根本解决方案。千万不要因为那些不好的绰号而封闭自己并对人际交往产生恐惧感，更不要因此产生厌学情绪。如果心理负担过重，可以与好友、家长或老师敞开心扉畅谈排解，必要时可以寻求心理咨询师的帮助。

应急小贴士

遇到总被人起不好绰号的情况时，应调整心态，不计较、不在意、不答应，一笑而过后再分析原因解决问题。即便是恶作剧，也会因为时间长而慢慢被淡忘。

6 学校有我不好的谣言怎么办

!!! 情景再现 !!!

三年级开学第一天班委改选，萌萌当选了班长，比第二名小雨多了两票险胜。萌萌开心极了，连续几天都起个大早来到学校，帮值日生整理班务。

这天，同学们陆陆续续来到学校，大家看到萌萌都笑一下赶紧回到座位上，奇怪了，难不成这就是班长与普通同学的距离？萌萌还在纳闷，好朋友薇薇跑进教室，慌忙把她拉到教室最后一排悄声说道：“你听说没有？就是你怎么当上班长的事。我刚听其他同学私下说，你妈和咱班主任以前是同学，你还替投票支持你的同学值日两次，所以才顺理成章当选了班长。真的假的啊？我是不太信啊！”

萌萌一听快气晕了，这都是哪来的谣言啊？八成就是小雨，没当上班长就污蔑我。于是，她气冲冲走到小雨桌前愤愤道：“田小雨，你怎么能造谣瞎说呢？我什么时候替投票支持我的同学值日了？我当班长是同学们公开选举的！”小雨的同桌耐不住性子站起来说道：“别冤枉小雨，是我说的。如果你没答应替支持你的同学值日，那你干嘛天天早到学校来值日啊？”

萌萌苦笑道：“我那是想当好这个班长自愿早来学校帮他们的……”

安全叮咛

1.不好的谣言怎么制止。

当你听到或好友告知有你不好的谣言时，应先找出谣言散布者，了解情况后，寻找恰当时机自己进行解释，或者由散布谣言者公开辟谣，有效制止不好谣言继续扩散，尽量减少不必要的伤害。如果谣言没有实质性伤害，对你而言无关紧要，也可以保持置之不理的姿态，谣言止于智者，时间一长大家也就淡忘了。

2.分析谣言起因，有误会应解释，有错误应反省改正，有恶意必须警告。

分析谣言的起因：如果是与某人有误会，应心平气和解释清楚，以免扩大矛盾；如果是由某件事情引起的，则应反省事件中自己的所作所为是否有不对之处，有错误要主动承认并进行改正，避免今后再发生不快；如果散布谣言者是恶意中伤你，则必须提出严重警告，如情况没有好转，应向家长或老师反映情况进行处理。

3.改善待人接物方面的人际交往。

小朋友们在日常的校园生活中，待人接物方面应注意，不要以自我为中心处处要强占优，更不要太直白地指责他人，良好的人际关系会令不好的谣言不攻自破，没有散布的机会。

应急小贴士

在校园里听到与自己有关的谣言时，小朋友们可以先将事情的来龙去脉告诉好朋友们，让他们帮助你一起辟谣。

有人霸占我的东西怎么办

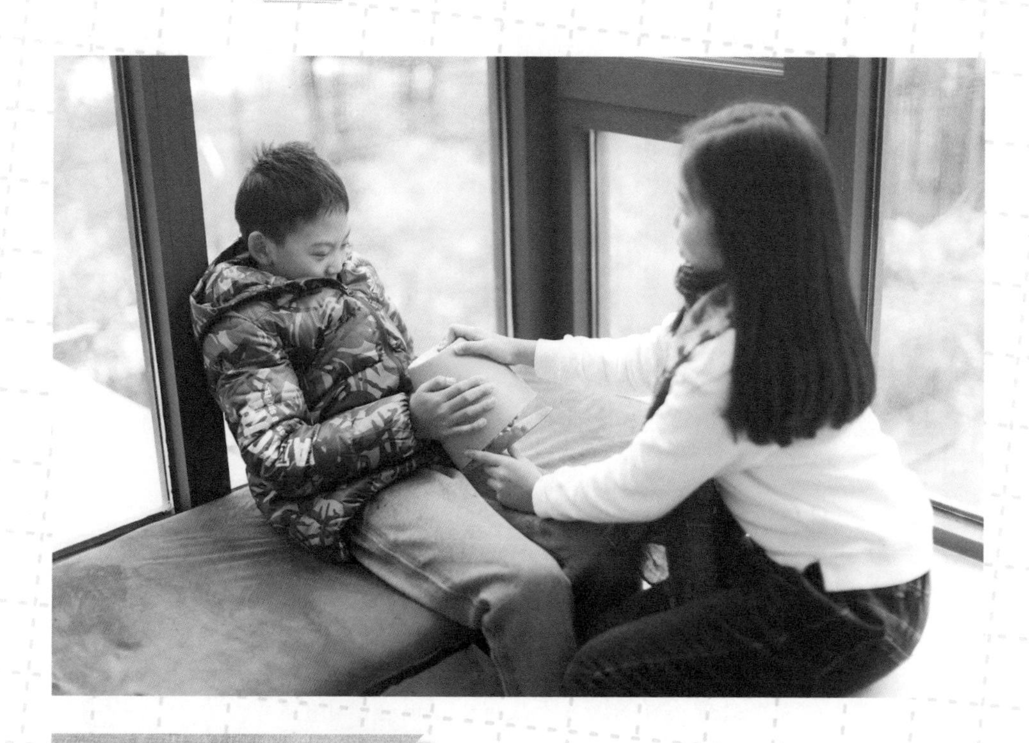

!!! 情景再现 !!!

小凯爸爸常年出差在外，每次回家都会给他带些礼物，比如精致的迷你遥控飞机、惟妙惟肖的汽车模型橡皮擦、成套的铠甲勇士小Q摆件等。小凯向同学炫耀起这些的时候，那些羡慕的眼神让小凯更是飘飘然，心花怒放。

前几天小凯把爸爸送的超酷炫小黄人转笔刀带到了学校，大家都围住小凯，原来削铅笔也能这么有趣啊！“小凯，你这转笔刀借我用几天吧。”后排的壮壮推开人群，没等小凯说话，拿起转笔刀就跑了。壮壮人高马大，只怕这一借是有去无回了。

小凯立即站起身，怯怯说道：“壮壮，我这是新买的，自己还没怎么用呢！”

壮壮头也不回地说道：“等你用时找我就行。”然后径直回到自己的座位上摆弄起来。

围观的同学都散了，小凯站在原地，不知怎么办才好了。

安全叮咛

1.有东西被人霸占，应明确物权，这不是分享，千万不要胆小怕事不了了之。

有人强行借走你的物品时，应当清楚告诉他“这是我的东西，请你一会儿还给我”，人际关系中最起码的界限便是谁的物品归谁。不能霸占，请物归原主。

千万不要认为这是分享，不尊重你意见的强拿强要就是霸占，不要胆小怕事不了了之，自己处理不了时可告诉老师和家长来处理。

2.如别人霸占你的物品不返还时，告诉对方，自己的父母会追问物品。

如果对方不愿归还你的物品就告诉对方：我父母会问我东西去哪儿了，借助家长的影响让其主动归还。

3.霸占者还是不愿归还，及时寻求老师或家长的帮助，千万不要暴力讨还。

霸占者还是不愿归还，小朋友们应及时向老师或家长反映情况，由成年人制止这种不道德的行为，同时可避免霸占者的打击报复。

千万不要暴力讨还，这样做不一定能拿回属于你自己的东西，反而会加深双方的矛盾，引发不必要的伤害。

4.不要将贵重、新奇的物品带到学校，注意低调行事。

小朋友们不要将贵重、新奇的物品带到学校炫耀，穿戴用品大方得体就行了。炫耀虽然会增加同学对你的关注度，满足暂时的虚荣心，但会引起他人对你的新奇之物的非分之想。

应急小贴士

小朋友们应建立明确的物权意识，对于不尊重你意见的霸占物品行为，应勇敢说“不”。双方实力悬殊的情况下，如果是新奇玩具方面的物品，告诉对方老师知道自己带玩具上学影响课堂秩序要上交，借机拿回玩具后不再带到学校；如果是学习用品方面的物品，告诉对方自己的父母要求每天带回家检查，带不回家父母就会来学校追查。迫于家长或老师的压力，霸占者一般都会返还物品的。

8 有人胁迫我加入他的“帮派”怎么办

!!! 情景再现 !!!

9岁的小伟一直是最让班主任头疼的学生，下课淘气爱搞恶作剧，上课睡觉不听课 ，不睡觉就戳前后左右的同学影响他人学习，是老师办公室的常客，是整个年级都出名的调皮鬼。

这天放学回家的路上，小伟就被高年级的几个哥哥拉住了。其中个子最高的揽着他的肩，边走边在他耳边说道：“听说你在你们年级名气挺大啊！哥哥们都很看好你，同意你加入我们‘威龙帮’，以后你

就是我们的人了，谁要是敢欺负你说一声，哥哥们帮你收拾他！”

小伟倒是认出了这几个哥哥，他们都是高年级出名的打架小团队成员，他还见过他们围着低年级同学要钱、要东西。小伟赔笑道：“哥哥，我这人胆子小，怕老师知道后又要写各种检讨还通报家长，我妈要是知道了估计得打断我的腿！我以后不惹事，不麻烦哥哥们了！”

“你这是找打吧？！会费每个月50元，我们罩你。要不然你就小心点……”带头的哥哥大声喝道。

小伟紧闭着嘴巴低下了头，纳闷又着急，纳闷的是他们怎么就找到了自己认准了自己呢，着急的是怎么拒绝呀，还有这每个月的50元钱……

安全叮咛

1.校园帮派明令禁止，遇到胁迫应巧妙拒绝加入。

校园帮派是社会不良因素对校园渗透的恶果，既不利于维护校园的纯净，也妨碍了学生们的正常学习及人际交往。校园帮派被明令禁止，所以遇到有人胁迫你加入所谓的“帮派”，应拒绝加入。

“帮派”胁迫的理由通常是不加入就暴力殴打直至同意，同意加入后即将面临无休止的保护费缴纳、打架斗殴，所以面对双方力量悬殊的情况时，不要胆小怕事糊里糊涂地加入，应巧妙地拒绝加入，比如说家里有人是警察严禁自己加入“帮派”，或者老师每天都将自己的活动告诉父母之类的，摆脱胁迫纠缠。

2.遇到携带凶器的“帮派”胁迫，谨慎拒绝，注意人身安全。

遇到携带凶器的“帮派”胁迫，坚决不能以暴制暴，未成年人判断力较弱，容易惊慌失措后受刺激瞬间迸发暴力倾向，这样不但不能解决问题，还会造成不必要的人身伤害。在谨慎拒绝的同时，一定要注意人身安全，必要时可选择报警处理。

3.及时向家长或老师反映情况，避免“帮派”的继续纠缠和打击报复。

摆脱了“帮派”人员第一次的胁迫后，应及时向家长或老师反映情况，采取后续措施，如上学、放学请家长接送、课间请老师多观察、与较多同学一起行动不独处等，避免“帮派”的继续纠缠和打击报复。

4.校园或上下学途中绝不围观打架斗殴。

在校园或上下学途中，尽量结伴而行，遇到打架斗殴的场面绝不围观、起哄，减少与不良社会风气接触的机会。

5.注意自己的言行举止，防止“帮派”划为同类。

同学们应注意在校时自己的言行举止，不要因为淘气、好奇而影响他人、恶作剧等，这样很容易被“帮派”划为同类。

6.事后注意心态调整，不要产生厌学情绪。

被胁迫加入“帮派”事件得到妥善解决后，注意心态调整，不要有心理负担从而产生厌学情绪。

应急小贴士

遭遇“帮派”必须加入的威胁时，不要惊慌失措，冷静地将“帮派”人员最惧怕或者最能让他们放弃胁迫行为的人和事委婉道出，比如家人的管教特别严格、没有零用钱等借口，借机跑到人多或相对安全的场所，比如教室、老师办公楼寻求帮助。

9 有人将丑化我的照片发布在网上怎么办

!!! 情景再现 !!!

9岁的小坤快人快语，说话总是得理不饶人，所以不可避免地，有些同学不太喜欢他。这天，他为数不多的其中一个好朋友在放学路上告诉他，在学校的校园论坛上，有篇标题为“青木小学灿烂笑容评比”的文章里，下面评论区有人上传了一张他的近照，不太美观。小坤听后赶紧回家登上论坛查看，这一看可火冒三丈了，这明明就是丑化他嘛，他虽然肤色不白，但被有心人竟然调暗了好几个色号，关键是他的门牙，又被调亮

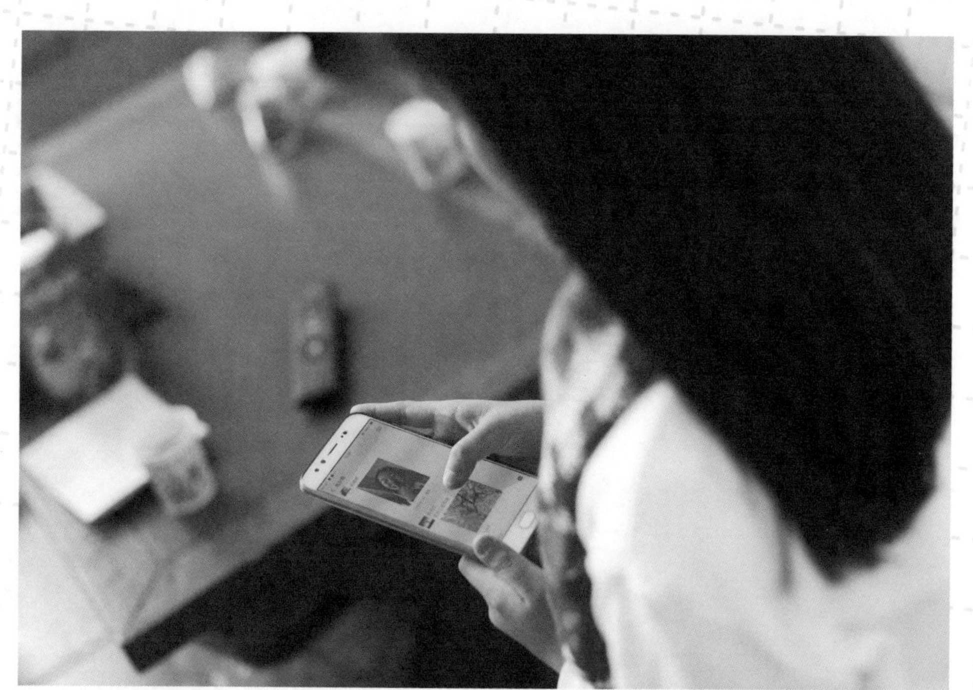

了几个色号，这剧烈的颜色反差，硬生生将本来还算自然灿烂的笑容，修图修成了松鼠般的“炫”门牙！

小坤越看越恼，这近照背景是他们教室，肯定是他们班同学拍的。第二天一到教室，小坤在上课铃响前走上讲台，大声说：“那个在校园论坛上丑化我的同学，赶紧删了照片，否则我不会客气！”说完凶凶地环视了一眼所有同学，闷闷地坐回了位置。

第二天，论坛上的照片被人删掉了，可小坤总是感觉背后还有同学对他指指点点、小声议论。他还时不时想起那张照片，到底是谁干的呢？

安全叮咛

1.在网上发现丑化自己的照片，判断是开玩笑还是恶意的再处理。

信息化时代，不可避免会有个人照片公之于众，其中不乏偷拍的照片、加入恶搞内容的照片。在网上发现丑化自己的照片时，应先判断发布者的动机，开玩笑的成分居多还是恶意丑化。

如果发布者只是开玩笑无伤大雅，那么你不妨宽容大度些，让对方删掉后一笑而过。换个角度看，有人关注你，只要没有打扰你的日常生活，也没有对你有实质性伤害，可以不用太紧张。如果发布者是恶意丑化中伤你，那必须及时严肃处理，维护自己的权益。

2.发现恶意丑化中伤的照片，应寻找来源删除，并提出严肃警告。

发现恶意丑化中伤你的照片，绝不能放任这种行为，应从照片细节寻找蛛丝马迹，看看是谁拍的、在哪里拍的，然后找到发布者要求其删除相片，并警告对方，避免照片被扩散。

3. 针对恶意丑化照片事件，应及时与家长或老师沟通，必要时采取维权行动。

被人恶意丑化照片，应及时与家长或老师沟通事情的来龙去脉，如果已造成恶劣的影响，必要时要维权。

应急小贴士

在网上发现自己被恶意丑化的照片时，千万不要在相应的页面下直接与发布者或讨论者进行激烈的言语对抗，那样只会火上浇油，扩大照片的负面影响。最有效的解决办法是冷静地查找出发布者，在线下心平气和地沟通以解决矛盾，让发布者自行删除照片，必要时可要求对方公开道歉。

四
外出走失
怎么办

1 拥挤场所走失怎么办

!!! 情景再现 !!!

快过年了，爸爸妈妈带着小奇一起乘火车回家。来到火车站一看，这里可真是人山人海啊！他们一家三口来到候车大厅，好不容易才找到地方坐下。妈妈觉得口渴了，打算去买瓶水喝，嘱咐爸爸好好照看小奇和行李，就向大厅另一端的小卖部走去。没多久，爸爸在座位上打起瞌睡来，没留意到这时小奇竟独自跑开了。

原来小奇突然想上洗手间，见爸爸在睡觉，不想打扰爸爸，于是自己一个人去找洗手间了。洗手间离得很远，小奇上完洗手间出来，发现自己迷路了！眼前都是来来往往的人群，可爸爸妈妈坐在哪儿呢？她急了，赶忙四处寻找，可候车大厅实在是太大了，每一排座椅看上去都一模一样，这可从何找起呀！小奇站在人群中哭了起来。这时，旁边的叔叔阿姨们看到了哭泣的小奇，大家纷纷上来询问，可小奇又慌又怕，一句话都说不出

来。幸好这时一位工作人员路过，把她带到了广播室，在大厅里播放寻人广播，一会儿，小奇的爸爸妈妈焦急地赶来了，看到爸爸妈妈，小奇哭着扑了上去，说起刚才的经历，大家都说，小奇这样做真是太危险了！

安全叮咛

1.记住爸爸妈妈的重要信息。

小朋友们平时一定要记住爸爸妈妈的名字和电话号码，这样才能在需要的时候提供准确的信息，一旦走失，旁人能够根据这些信息迅速找到小朋友的爸爸妈妈。

另外，如果家中有家庭电话，也要把号码记下来，同时还要知道如何使用电话。

2.记住常用求助电话。

小朋友们应该记住一些紧急电话号码，如110报警电话等。如果自己走失了，可以通过用公用电话拨打110的方式联系警察叔叔。不过必须注意的是，这些电话只有在需要的时候才能拨打，平时可不能随便拨。

3.记住一些可以求助的场所。

公共场所里往往会有一些专门负责接受顾客咨询的场所，比如商场的导购台，医院的导医台，机关单位的咨询处，小朋友们在拥挤的场所走失时，前去这些地方求助，安全性最有保证。

4.善于求助信得过的人。

当小朋友们找不到这些固定场所时，也可以求助身边的人，可如果一不小心碰上了坏人，那可就坏了。如何分辨好人和坏人，认清怎样的人才能求助呢？一般来说，首先可求助于身穿制服的人，在一些大型公共场所里有固定的执勤点，他们是最值得信任的。这些地

方往往还配备有专门的保安机构，可以求助保安叔叔。

其次，一些机关单位或超市商场里，其工作人员都是统一着装的，小朋友在进入这些场所时就要好好观察，这样一旦发生意外，可以向这些工作人员寻求帮助。

另外，可以求助孕妇和带孩子的家长，此外还有同龄人、学生群体，他们相对比较单纯，富有正义感。最后，也可以求助于那些看上去比较慈祥的老人。

应急小贴士

小朋友们要记住，如果在拥挤的公共场合中，有人提出要单独带自己去找爸爸妈妈，一定要警惕。这个时候，最好能找到固定的对外咨询场所前去求助，如果没有，也应请求更多的围观者一起陪同自己寻找，而不要轻信那些想要把自己单独带离的陌生人。

2 在空旷场所走失怎么办

!!! 情景再现 !!!

从下周起，悦悦的爸爸要到外地出差两个月。开车接送悦悦上学、放学的任务就落在了妈妈的身上。家里一直由爸爸负责开车，悦悦的妈妈虽然有驾照，却一直是个“本本族”，没有什么实操经验。

为了让悦悦妈尽快熟悉驾驶技术，悦悦爸决定周末带悦悦妈去练车。悦悦爸选中的是一处比较偏僻、通往郊外的停车场。面积很大，没有多少车辆，特别适合练车。

遇到好玩的事儿，悦悦当然不肯放过，也跟着去练车。可是他坐在车里几圈下来便觉得烦闷起来。也难怪，一个八九岁的男孩子正是精力旺盛的时候，哪里有耐心跟着大人一圈圈地跑车！

征得爸妈同意，悦悦便从车上下来，一个人在停车场里跑来跑去。空旷的停车场，车少人也少，悦悦怎么跑、跳、喊、叫，都没有人管。他觉得自在极了。

不知不觉中，悦悦便跑得远了，等他觉得寂寞时，却找不到爸爸妈妈了，连自家车的影子都找不着了。

他顿时慌了。四面望去，都是平坦的柏油路面，只有零星几辆车停在远处。爸爸妈妈在哪里？悦悦不知道怎么办好，哭了起来。

这时，恰好有一个戴着鸭舌帽的男人经过，便问他怎么回事。悦悦"呜呜"哭着，说不出话来。那男人便要带他走。悦悦挣扎着不肯。恰在此时，他的爸爸妈妈开着车过来了。那男人便放开他走了。

原来，悦悦不知道什么时候已经离开了停车场的范围，而他的爸爸妈妈忙着练车也没有注意到。幸亏他一直在原地等，不肯跟陌生人走，否则后果不堪设想。

安全叮咛

1.外出时，尽量穿颜色鲜艳的衣服，方便父母一眼就能看到。

小朋友们与父母一起外出，到空旷的场所，比如广场、公园、河边、郊外等地方游玩时，要穿颜色鲜艳的衣服。有条件的孩子还可以带上智能手环等定位产品，这样方便父母寻找自己。

2.外出游玩要有安全意识，不要四处乱跑。

尽量在距离父母不远的地方玩，让父母随时能看到自己。同时也要注意观察，记住四周有哪些标志性的建筑或者设施。

3.一旦发现走失，必须在原地等待。

小朋友们发现自己脱离父母视线时，若知道父母所在的位置，可原路返回；若知道父母所在位置有什么标志性建筑或设施，也可及时找到。如果不知道怎样能找到父母，就在原地等待，不要四处乱走，等着父母来找自己。

4.如果走失，不要惊慌，更不要哭喊。

小朋友们与父母走失，若再哭闹呼喊，容易引起坏人注意，很可能被骗走。此时要冷静等待，不要随便告诉别人你找不到父母了，也不要向陌生人借电话，更不能跟陌生人走。对于陌生人提供的食物，坚决拒绝。

5.遇到警察或保安，可以求助。

若在等待父母的过程中，遇到警察或保安巡逻，可以向他们求助。巡逻的警察一般两人一组，衣服的警号、警徽、警衔、臂章齐全，一定要分辨清楚再请他们帮忙。

应急小贴士

小朋友们如果在空旷的地方走失，必须保持冷静，不要慌乱、哭喊或者盲目地向陌生人求救。最好的办法就是站在原地，等着父母来找自己。遇到巡逻的警察或保安，也可以向他们求助。

!!! 情景再现 !!!

已经上六年级，马上就要小学毕业了，阿海非常舍不得同学们，便和老师商量，能不能组织一次毕业春游，让大家放松一下，也可以进一步交流交流感情。

老师与家长商量后，同意了阿海的建议，由老师带队、几位家长陪同，趁周六一起到郊外的一座山上去玩，还要野餐。

郊游的那天，同学们别提有多高兴，玩得有多开心了。

傍晚的余晖很快洒满了大地，同学们恋恋不舍地和这美好的野外道别。可是临上车、清点人数时，发现活动的发起人——阿海不见了。

大家仔细回忆，似乎吃过午饭后就没见着阿海。当时都忙着在树林里“找宝”“抓人”，便没有人注意。

老师和家长很快镇定下来，又找了几遍，还是没找到阿海，于是，决定由一位家长带同学们先回市区，剩下的家长和老师留下来寻找阿海。

几人分头行动，却一无所获，只好先到原定的集合地点汇合。

渐渐地天色暗了下来，阿海终于出现了，他一脸茫然地找到了他们在山下的集合地点。这时，老师和家长才知道阿海经历了什么。

原来，吃过午餐后，见别人还在说笑，阿海便一个人顺着山坡往上走，走出去很远，他看到风景很美，便坐下来欣赏。阳光暖洋洋地照着，阿海的困意上来了，他便靠着大树睡着了。

不知过了多久，直到凉风吹袭，阿海醒了，却不知道怎么回到老师和同学那里。迷了路的阿海在山里找了好久，直到山下的灯光亮起，他才顺着灯光的方向，摸索着下了山，找了回来。

安全叮咛

1.到野外郊游，必须提高安全意识，要仔细观察周围环境。

外出时要带通讯和定位工具，注意安全。野外有很多障碍物，行人容易被阻挡视线从而造成迷路。小朋友们到了野外，必须随时随地观察周围的环境，寻找当地明确的标志，记住并确定它的方位，以便返回时用这些地标做向导。

2.在野外迷路了，先不要惊慌，仔细回忆经过处的特点。

一旦发现自己不知该往哪里走，要先停下来，深吸几口气，放松一下心情，仔细回忆一下经过的溪流、房屋、桥梁等地理特征以及曾经走过的路线。尽量顺着原路往回走，唤醒路标记忆。

3.不要在林中乱跑乱穿。

如果在野外迷路，无法找回原路时，切忌盲目前进，更不要在林中乱跑乱穿。这样做容易消耗大量的体力和水分，让自己更危险。

4.要利用自然现象辨别方向。

利用平时学到的常识，冷静分清方向。比如，观察太阳，日出为东，日落为西。或者在地上立一根杆子，看它的影子指向哪里。上午时，杆子的影子所指方向为西北方；中午时，影子很短，指向正北方；下午时，影子所指方向为东北方。如

果是晚上，就找勺子形的北斗星，判断出哪里是北方。 还可以根据树木来判断方向，朝南方向的树木树皮光滑，草木茂盛。如果听到水声，可以顺着河流走。

5.暂时无法走出去时，要先找到庇护所。

若无法及时找到出路，遇到天黑或恶劣天气，可就近找到树洞等处躲避。没有食物时，可吃野果和植物的根茎，最好不要吃菌类，因为，很多野生菌类有毒。

应急小贴士

小朋友们若在野外迷路，必须冷静，可以按原路返回，并在经过的地方做好标记， 结合野外识别方向的办法，及时走出来。

4 在游乐场所走失怎么办

!!! 情景再现 !!!

大型游乐园是孩子们最喜欢的地方。乐乐很早就想去，可是妈妈说了，要他期末考试成绩都达到95分以上才行。

乐乐很争气，在暑假来临前，他以语文、数学两科平均96分的成绩，为自己的二年级画上了完美的句号。

妈妈终于带他到游乐园了，乐乐别提有多开心、多得意了！

现实却让乐乐高兴不起来了，游乐园里到处都是游人，想玩哪个项目都要排很长的队，要等很久。

开始，乐乐还跟妈妈一起排队等。可是一个小时站下来，乐乐头上的汗流了下来，腿也发软。妈妈看着很心疼，让乐乐到旁边等着，但不要走开。

乐乐枯等无趣，便四下打量，看到别人玩的项目很有趣，他也跟着乐。看了一项，又转过去看另一项，把妈妈的叮嘱忘得一干二净。

看了两三个项目，乐乐已经走出很远，突然想起妈妈，却不知道该去哪里找，顿时慌了！游乐项目大同小异，他早已忘记妈妈在排哪个项目的队了。

他只想快些找到妈妈，慌不择路，越跑越远，见到了很多人，却都不是妈妈。他禁不住边走边哭。

乐乐的举止引起了游人的注意，有人上前问他是不是找不到妈妈了。他却只顾着哭，并没有理陌生人。

此时，一名工作人员走了过来，把乐乐带到了广播室。

乐乐的妈妈早已急得满头大汗，正在四处寻找，听到广播才算放下心来。

安全叮咛

1.小朋友去游乐场玩耍，必须由家长陪同。

游乐场人员混杂，可能藏有不法分子。小朋友若去游乐场玩耍，一定不能独自行动，而是由家长带领方可前去，避免给坏人以可乘之机。

2.去游乐场之前，要与父母做好约定。

事先和父母约好，万一走散，到哪里会面。可带上定位手环或手表，最好带上手机，方便随时沟通。另外，在外不要跟父母闹脾气后自己跑开。

3.在游乐场里，一定要有足够的防范意识。

游乐场里的娱乐项目和活动特别多，也很吸引人，特别容易吸引小朋友的注意力，使小朋友玩起来就不记得其他事了。在游乐场内，一定要时刻留心，注意父母所在的方位，不要离父母太远，以免和父母走散。

4.远离过度热情的陌生人。

在游乐场里，若有陌生人与小朋友说话，遇到询问项目是否好玩之类的平常问题时，可以礼貌地简单回答。如果再问及自己姓名等个人信息时，一定不要回答。对于陌生人送来的食物、水等东西，礼貌地拒绝，千万不能接受。

5.无论何时，都不能跟陌生人走。

若与家人走散，不要哭喊吵闹。这样容易引起坏人的注意。如果有陌生人询问，不要告诉他们自己与家人走失，更不能跟随陌生人离开。

6.可就近寻找服务台工作人员或者游乐场所工作人员帮助。

大型游乐场所都有保安巡逻，服务人员也会统一着装。在进入游乐场时，可注意一下服务人员的着装。若与家人走散，可以向警察、军人、景区保安或服务人员寻求帮助。

应急小贴士

小朋友们如果在游乐场所走失，必须保持冷静。如果周围人多，切忌逆着人流奔跑哭喊，可顺着人潮去就近的服务台寻求帮助，或向警察、游乐场所的工作人员求助。千万记住，不要向陌生人求助，更不能跟陌生人走。

5 在商场、超市走失怎么办

自救好办法，
扫一扫学到手！

!!! 情景再现 !!!

每到周末，齐齐都会跟着妈妈去一次大超市，来一次大采购。

这可是齐齐盼了一周的大日子，美中不足的是，每次妈妈除了给他买零食，还要去买菜。而他，特别不喜欢生蔬区，不喜欢那里有那么多人，也不喜欢那里的味道。

这次，妈妈又推着购物车选了一大堆，等得齐齐都不耐烦了。

“妈妈，啥时候去买零食啊？我都等不及了。”

正在与一群大妈挤着挑菜的妈妈匆忙间回过头来答了一句：“快了。”

齐齐等不及了："那我先去挑了！"没等妈妈回答，他便自己左拐右绕去挑零食了。

很快，他挑了几种自己爱吃的零食，却发现妈妈还没有来。他费了好大劲才找到生蔬区，可是原本在那里挑菜的妈妈根本不在那里，不知去哪了。

齐齐愣了，到哪里找妈妈呀？

齐齐的汗都流出来了，他拿出手机给妈妈打电话，却发现手机没电了。

齐齐急得快哭了。这时一个男人挤到齐齐身边，问他："小朋友，是不是找不到妈妈了？"

齐齐条件反射地反问道："你怎么知道？"紧接着他想起来，不能理睬陌生人，就想走开。那男人却抓住他不让他走。这时，一个老大爷看到了，喊了一声："小朋友，你妈妈在收银台那等你呢。快去！"

齐齐趁机跑开了，找到了收银台，请收银员帮忙联系到了妈妈，才算放下心来。

安全叮咛

1.小朋友在出门之前，要记住父母所穿衣物的颜色和特点。

有的小朋友个头比较矮，在人多的地方很难看到大人的长相，多半看到的是衣裤和鞋子。如果能记住父母和自己一起出门时所穿衣物的颜色、特点，有助于跟上他们的脚步，快速找到他们。

2.小朋友进入商场、超市，不要离父母太远。

商场、超市比较大，货架货物多，容易遮挡视线。小朋友不要只顾着挑选中意的商品，而不注意父母动向。要时刻留心父母去了哪里，紧跟在他们身边，避免走失。

3.要留心观察商场、超市内的收银台位置。

掌握商场、超市内的关键位置，比如收银台在哪里，万一走失，可以到收银台处寻求帮助。

4.在商场、超市内，不要自己随意走开。

走进商场、超市，父母肯定有自己需要购买的物品。小朋友最好耐心等待，

即便想到自己喜欢的玩具、零食区，也要和父母一同前往。如果自己随便走开，很可能会与父母走散。

5.在商场、超市内，要防止陌生人的靠近。

如果有形迹可疑的陌生人和自己搭讪，尽量不予理睬。若被人捂住嘴强行拉走，可以顺手将商品扔到地上制造声音，或将鞋子甩掉，引起他人注意。

6.一旦失走，要及时求助。

在找不到商场、超市的工作人员时，可向老人、孕妇以及带着孩子的成人求助，他们可信度相对强，在没有其他人选的情况下，向他们求助比较安全。

应急小贴士

小朋友们在顾客众多的商场、超市里，若与父母走散，千万不要惊慌，找到离自己最近的收银台，请那里的工作人员帮自己拨打电话，或者请广播室人员帮忙通过广播找人。

乘错公交车或下错站点怎么办

自救好办法，扫一扫学到手！

!!! 情景再现 !!!

平日上学的时间很紧，嘟嘟在父母的督促下，特别注意早睡早起。可一旦遇到周末，这种时间观念就消失了。从周五晚上起，她的生物钟似乎就调成了晚睡晚起模式。

这样做的后果是，到了周一早晨，嘟嘟就变成了起床困难户，总要妈妈三催四请才肯起床。迷迷糊糊地穿衣、洗漱、吃饭，匆匆忙忙地往学校跑。

这个周一，嘟嘟又起来晚了，嘴里的饭还未咽完，便抓起书包往公交车站跑。远远地看到公交车停在那里，她立即冲了上去。

她在车上还未站稳，车就开动了。过了好一会儿，她却发现了一个严重的问题：公交车播的到站点怎么不是她熟悉的站名？她再仔细一看，外面的街景也不是她上学时应该路过的地方。再问一下旁边人，才知道她坐错了车次！

嘟嘟有点慌了。怎么办？马上就要迟到了，可在这辆车上坐下去，离学校更远了啊。嘟嘟急中生智，先下车再说。

她假装镇定地下了车，连忙到站点上查看，寻找学校所在站点。慌乱之下却没有找到。她想到可以先返回，便到马路对面的站点，乘公交车回到了原来的站点。折腾了一番，最后终于安全到达学校，但是却迟到了。

安全叮咛

1.小朋友在乘坐公交车之前要仔细观察公交站牌、车次。

公交站牌上有许多站点名称，这些站点名称下有一个大箭头，箭头指的方向就是公交车要前进的方向。有些站点会有好几个路线的车次经过，在站牌上会有显示，遇到这样的站

点，上车前要看清，记住自己要乘坐的公交车方向及车次。

2.乘坐公交车之前，要留意公交站点附近和公交车内有没有线路变动告示，避免坐错车。

因修路或者其他原因，公交车线路、停靠站点有时会有变更。小朋友在乘坐公交车之前，可注意查看站点附近是否有告示。乘车时，也要看公交车内的告示，了解线路变动或站点的变更情况。

3.发现乘错公交车或下错站点要冷静，莫慌张。

如果发现乘错公交车，不要着急，切忌大喊大叫，以免引起坏人注意，更不要寻求陌生人帮忙。一旦发现坐错车，可在就近站点下车，到马路对面的站点，乘坐相同的车次返回。或者查看公交站牌，找到其他路线，乘坐其他车次公交车抵达目的地。

应急小贴士

小朋友们如果发现乘错公交车或下错站点，不要慌张，先在最近的站点下车。如果乘错车或坐过站，可到马路对面的公交站，乘相同车次的公交车返回。注意选择好到站地点，如果没到站就下车了，可在原地等着乘坐下一趟公交车。

五
遭遇
拐卖、诈骗
危险怎么办

独自在家时有来访者怎么办 1

!!! 情景再现 !!!

杉杉平时非常喜欢看电视，尤其是动画片，看得他常常忘记了写作业。为此，爸妈没少批评他。这让他总想着，如果让他自己在家，一定痛痛快快地看一回电视。

机会很快就来了。周六，爸爸出去会战友，妈妈要上街买菜，提醒他好好写作业，不要看电视。

家里只剩下他一个人，杉杉高兴得差点跳起来。他想快速写完作业好看电视，这回可没有人打扰他了。

他正写得起劲，突然听到“咚咚”的敲门声。

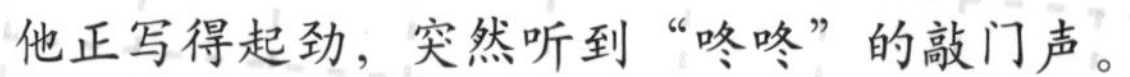

“谁呀？”他随口问道。

“送水的。”门外传来一个男人的声音。

杉杉不情愿地走到门边，从猫眼上看到门外确实有个男人扛着一桶水。

杉杉不知道爸妈要没要水，只好把门打开了。

门一开，那人快速地蹿进来。

“把水放在哪儿？”说着，他穿着鞋就走进屋，四处打量起来。见只有杉杉一人在家，问了一句：“你快给我水钱呀！”

这让杉杉警觉起来，妈妈没告诉他要付钱。他说：“我没有钱。”

那人脸一沉，喝道：“快点给钱，要不我自己找了。”

杉杉吓了一跳，脱口而出：“我爸爸上电梯了，一会就到家，你等他回来给你钱吧。”

那人一听，愣了一下，装模作样地说："那我先送别人家，一会儿再来。"

说完，扛着水桶走了。不一会儿，妈妈回来了。惊魂未定的杉杉把此事告诉了妈妈。妈妈也吓了一跳，因为根本没让人送水。嘱咐杉杉以后自己在家，有陌生人敲门，千万不能开门。

安全叮咛

1.独自在家，必须锁好门。住平房或楼层较低的住宅，还要关好窗。

小朋友如果独自在家，住处楼层较高就关好门；楼层较低，则门、窗都要关好、锁好，不给坏人以可乘之机。

2.夜晚独自在家，要先拉上窗帘再开灯。

到了晚上，小朋友需要独自在家时，要把窗帘先拉好再打开灯，不要让外人知道你独自在家。如果有人打来电话，也不要告诉对方这一信息，避免坏人动歪心思。

3.如果有陌生人来敲门，一定不要开门。

小朋友自己在家时，如果有人敲门，一定要先通过"猫眼"看清来人。如果是自己的父母或（外）祖父母等关系很近的家人亲属可以开门；其他人敲门一律不能开门！可以不发出声音，装作家里没有人，或者将电视声音开得特别大，假装没听到。

听到有人敲门时，问了对方是谁，却发现是陌生人，此时，不管对方说他是干什么的，即便是收电费、水费的，也不要开门，可以请他改天再来。

4.有人使劲、多次砸门或者撬门，要马上报警。

如果来人不停砸门，并且有撬门迹象，要及时拨打110报警，或者到窗口、阳台喊邻居帮忙。

5.陌生人若溜进自己家，要伺机跑出去。

可以趁陌生人在自己家翻找东西时，跑出去报警或向邻居求救。切忌盲目反抗和呼救，保护自己的生命安全是第一位的。

应急小贴士

小朋友们独自在家时，遇到陌生人来访，无论如何都不要开门。不管对方用什么理由，都不予理睬。遇到强行破门的情况，则立即打电话报警。

坏亲戚坏朋友要带走我怎么办

!!! 情景再现 !!!

阿浩是个游戏迷，最喜欢和人打游戏，遇到喜欢打游戏的人，不管是成人还是小朋友，阿浩都会视之为知己。妈妈带他去参加亲戚的婚礼，阿浩还一个人躲在一边打游戏。这时，他的一个远房表舅看到了，问他在玩什么游戏。

阿浩听父母说过，这个表舅平时游手好闲、不务正业。阿浩没有理他。可表舅毫不在意，坐在旁边看他打游戏，还给他指点了两下，让阿浩顺利闯过了两关。这让阿浩非常兴奋，这两关他可是过了很久都没有过去的呢。阿浩对表舅的戒备心彻底消失了。

表舅说："外面有更好玩的大游戏，不如我带你去吧？一会儿就回来，保证没有人知道。"阿浩此时对他已完全信任，便欣然同意。表舅领着阿浩真的去了电动城，领他打了很久的游戏。阿浩饿了，让表舅送他回家，表舅却说领他去吃好吃的。

出了游戏城，表舅打车要带他走。阿浩心慌起来，此时天都快黑了，妈妈一定着急了。阿浩坚持要回家，表舅就是不让他回。阿浩哭了起来，还让出租车司机叔叔送他回家。表舅很不耐烦，又骂又哄地安抚着阿浩。车子停下来时，表舅却愣住了，怎么停在了派出所门口？他吓得自己跑了。

阿浩的妈妈接到电话赶过来，对出租车司机连连感谢。幸好遇到好心人，否则后果不堪设想。

安全叮咛

1.与亲属、朋友交往，要有界限意识和安全意识。

俗话说，“害人之心不可有，防人之心不可无”。小朋友要注意，与亲戚或朋友来往，最好多听听父母的意见。如果父母觉得有些亲戚、朋友不可靠，不要与他们过多来往。如果有亲戚、朋友想带自己出去，必须事先征得父母的同意。父母不同意的情况下，一定不能和他们走。

2.平时与亲友交往要谨慎。

小朋友的生活经验少，对亲友的判断多以自己的喜好为主。其实还要看重对方的品行。若过多地与品行不好的亲友接触，不但会受其影响，还会惹来很多麻烦。平时与谁交往，可将对方的为人处事说给父母听，看看父母有没有什么好的建议。遇到喜欢骂人、打架或者有小偷小摸小骗行为的亲友，一定要远离，不再与他们来往。

3.遇到坏亲戚、坏朋友要带你走，必须拒绝。

平时不要与坏亲戚、坏朋友接触，避免与对方单独碰面。如果坏亲戚、坏朋友说带你去玩、吃东西，也不要受其诱惑，必须狠心拒绝，不让危险靠近自己。

4.遇到被坏亲戚或不良朋友强行带走的情况，要看准机会逃脱。

坏亲戚或不良朋友要强行带走自己，要找借口拒绝。如果拒绝不了，要在保证自身安全的前提下，借机离开。此时不要盲目反抗或呼喊，避免惹怒对方，引来严重后果。可以在分散对方注意力的情况下，借机逃跑，或向警察求助。

应急小贴士

小朋友们在确知对方是坏亲戚、坏朋友的情况下，要避免与他们接触，更不要答应他们任何要求，不管对方拿出多吸引你的东西，也不要与他们走。若被强行带走，要在保证自身安全的情况下，趁对方不注意时溜走、逃跑，或者找机会向警察求救。

3 面对陌生人求助我该怎么办

自救好办法，扫一扫学到手！

!!! 情景再现 !!!

依依是个可爱的孩子，平时乐于助人，邻居们都很喜欢她。

这天，她看见一位孕妇姐姐走过来，手里拎着很多东西。孕妇姐姐见依依正朝她看来，就对她说："小朋友，姐姐拿的东西太沉了，你帮我送回家行吗？"依依心地善良，想都没想就答应了孕妇姐姐的请求，依依帮姐姐拎了一个袋子，跟着姐姐走进了楼道。

姐姐说她家在15楼。依依拎着袋子走在前面，按姐姐的指点敲开了房门。里面走出来一个男人，接过东西之后就让两人进屋。

依依礼貌地回绝了。随后跟上来的姐姐却热情相邀，还堵在门口不让她走。

依依见情况不妙，便大声喊道：“快来人啊！”一边喊一边想往门外冲。不料那姐姐硬拉着不放她过去。正争执间，有人走上楼来，那姐姐一慌倒在了地上，依依趁机跑出来。只见那姐姐挣扎着想站起来，却从衣服里掉出来一个枕头，原来她是假孕妇！经调查，假孕妇和屋子里的男人都不是好人，想绑架小孩子勒索家长，没想到让机灵的孩子给跑了。

安全叮咛

1.遇到陌生人求助，千万要小心。

小朋友愿意帮助别人是好事，但遇到有人向自己求助、无法辨别他是好人还是坏人时，一定要多加小心。对于对方求助的内容，可以帮忙指点，比如，告诉他向警察或者医院求助，拨打110、120电话等。

2.给陌生人指路可以，但不能送到目的地，尤其是偏僻的地方。

遇到陌生人问路，在知道的情况下，可以告诉对方怎么走。如果对方请自己送他过去，不能答应。

3.遇到陌生人请自己到他指定地点帮忙，必须拒绝。

不管对方要带自己去什么地方，都不能跟着过去，即便对方需要帮助也不行。可以告诉他找成年人帮忙，自己是小孩子没有那么大的力气和能力。即便是在商场里，需要到偏僻的楼道等处，也不能答应，可请对方沿路标找过去，千万不要觉得拒绝别人不礼貌。

4.若遇到确实需要帮助的陌生人时，也要向老师、父母通报之后再施援手。

如果看到有人确实需要帮助，也不能贸然行动，可以向周围大人们求助，和他们一起帮助他人。

5.若有陌生人借电话、请求微信扫码，或者网络认识的陌生人要见面，通通拒绝。

陌生人也会利用借电话等办法诱使他人上当。小朋友遇到这种情况可以拒绝对方要求，说自己的电话不能外拨或者连不上网，不能上陌生人的当。对于不明网友请求帮助，能在网上帮助解答，可以解答几句，如果对方要钱或要见面，则不予理睬。

应急小贴士

小朋友们遇到陌生人求助，一定要保持警惕心。可以给对方指路，但最好不要带他前往。遇到有人生病、受伤这样的事情，可以拨打110报警电话、120急救电话请求帮助，或者找成年人帮忙，千万不要去陌生人指定的地方。

4 有辆车老跟着我怎么办

自救好办法，
扫一扫学到手！

!!! 情景再现 !!!

某个街区有一个广场，有花有树，还有体育健身器材，这里是居民享受休闲时光的好地方。

这里离宁宁的家不远，过了人行横道线，再沿马路步行不到200米就能到达。宁宁经常到这里玩，三四岁时由妈妈带着她来，到了她上小学四年级，常常是她独自在这里玩了。

她有时在这里骑自行车，有时滑轮滑，有时玩体育器材，有时和小伙伴跑跑跳跳。这个广场留下了她太多的欢笑声。

周日下午，宁宁完成所有功课，又到广场来玩，还带了一根跳绳。她先是自己在广场上跳绳，后来看到有好几个人在练花样跳绳，也跟着学起来。

学会了好几个动作，宁宁喜滋滋的，一个人又练习了一会儿。感觉有些累时，她便往家走。此刻已是傍晚，路上的车辆行人都不多。

宁宁很快过了马路，沿着马路往家走时，她看到原本停在路边的一辆黑色汽车发动起来。她走上了人行道，那辆车却一直没有开起来，而是慢悠悠地跟着她。

宁宁吓了一跳，这车怎么回事？宁宁快走几步，那车也开得快了一点点。宁宁吓得跑起来，那车快速跟上来。

这车是专门跟着她的！宁宁都快吓哭了，怎么办呢？离家还有一段距离呢！路边人很少，谁来救救她？

宁宁惊魂未定地四处张望，看到有人走进路边的小卖店，她有主意了，立即钻进了小卖店，可是那辆黑车也停下了。

宁宁吓得不敢出去，站在那里哭。店主问她怎么了，得知情况后，让她给妈妈打了电话。她妈妈很快过来接她了。

看到宁宁和妈妈一起从小卖店出来，那辆黑色的车开走了。宁宁妈决定，再也不让她一个人跑出去玩了。

安全叮咛

1.小朋友出去时尽量不要落单。

不管是上学、放学，还是出去玩耍，最好能有大人陪同，或者和同学作伴，避免单独行动。

2.平时注意留心周围环境，知道哪里是人员密集场所。

商场、超市等人员密集场所的位置要记牢，一旦发现被车辆跟踪，可以赶快跑到最近的商场、超市里，让车辆无法继续跟踪。

3.发现被车辆跟踪，要冷静对待。

可以先减缓脚步，确定车辆是否在跟踪自己。如果车辆确实是在跟踪自己，也不要慌张，保持镇定，尽量走到装有摄像头的地方，留下车辆跟踪自己的证据。

4.不要直接回家，反向往回走。

确认车辆在跟踪自己后，先不要直接回家，避免暴露家里地址。可以反方向往回走，等车辆掉头时，再往人多的地方跑。记住，不要往偏僻的小路里跑。

5.适时报警求助。

如果无法快速摆脱跟踪车辆，要快些跑到超市或商场、机关单位等处，求工作人员、保安帮忙打电话报警，请警察帮忙处理，确保人身安全。

应急小贴士

小朋友们如果发现有车辆跟踪自己，先不要慌，尽量快速地跑到人多的地方，混进人群里去，也可以到路边的商铺里求助，或者反向行走，再到商场、超市等处，打电话报警。

5 被人威胁怎么办

!!! 情景再现 !!!

蓝子12岁了，是个漂亮的小姑娘，可她却很自卑，唯恐别人发现她的秘密：出汗多的时候腋下有味道，尤其是夏天的时候更明显。为此，蓝子上体育课的时候从来不敢过度运动，怕被别人闻到她身上的味道。

夏天的一个周末，蓝子着急去买文具，跑得汗水直流。她想反正回家洗洗就好了，便没有太在意。谁知她走到自家楼下时，碰到了一个同班的男同学雷雷。

蓝子着急地往楼里走，雷雷却拦住了她的去路。蓝子无奈地站住了。不可避免，雷雷闻到了她身上的味道。

“什么味儿呀？你不会是有狐臭吧？”雷雷睁大了眼睛，“同学这么久，没想到你还有这么大的秘密。”

蓝子气得使劲将他推到一边，跑回家去了。

第二天上学，雷雷便给蓝子传了一张纸条，说只要蓝子给他100元钱，自己就不把这个秘密说出去，否则就不客气了。

蓝子吓坏了，回家连忙从自己的零钱包里找出了100元钱。她的动作却引起了妈妈的注意。妈妈问她要买什么。蓝子支支吾吾，最后才把事情说了出来。

蓝子妈说这钱不能给，有狐臭也不是什么见不得人的事，长大了还能手术去除，怕什么呢？

第二天，蓝子妈妈便找到了老师，反映了此事。老师将雷雷的家长也找来了，告诉雷雷这样做是敲诈，是违法的。

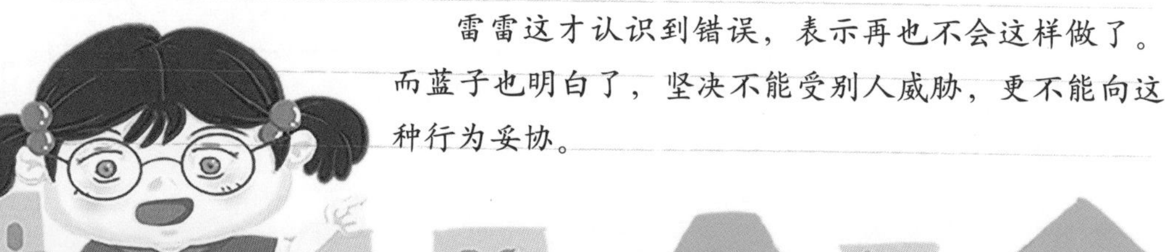

雷雷这才认识到错误，表示再也不会这样做了。而蓝子也明白了，坚决不能受别人威胁，更不能向这种行为妥协。

安全叮咛

1.正视自己的缺陷，不怕别人笑话。

如果自身有缺陷，特别是生理缺陷。不要有自卑心理，因为这也不是你的错。

2.注意防范，离心术不正、人品不好的人远些。

不管是同学，还是亲友，一旦发现对方人品不端、为一己之私不择手段，就一定要离他们远些、再远些。不管对方许给什么样的好处，都不要受到诱惑，更不能和对方在一起。

3.摆明自己的态度，不惧威胁。

如果有人要威胁自己，可以告诉对方，自己不怕。还可以告诉对方，他这样威胁自己是违法的，会受到法律制裁。一定要态度坚决，避免再次被威胁。

4.对于来自同学的威胁，可以向家长、老师求助。

对同学的威胁也不能妥协，应及时告诉老师、家长，请他们帮忙，对同学的不法行为要进行制止、劝说，防止事态恶化。

5.注意收集证据，及时报警处理。

对来自外界，哪怕是亲友的威胁，都要告诉家长，注意收集证据，情节恶劣的要报警处理。同时要注意把对方威胁的证据收集起来，比如微信留言、短信等，或者请在场的人作证，这样才能警告对方。

应急小贴士

小朋友们如果受到威胁，不要害怕，要把情况告诉家长。如果是来自同学的威胁，还要告诉老师。如果威胁来自校外，则要及时报警处理。

6 不认识的人让我吃他们给的东西怎么办

自救好办法，扫一扫学到手！

!!! 情景再现 !!!

娅娅的妈妈在社区工作，因此常将娅娅带到社区办公室里玩。

那里经常有居民来来往往，很多人都认识娅娅，见她可爱，还喜欢把自己的东西分给她吃。娅娅和居民们“混”熟了，对他们的食物也来者不拒，从不觉得有何不对。

娅娅有天在楼下玩，看到在楼下的凳子上，坐着一位老奶奶，正在吃香梨。娅娅见她吃得很香，也有些馋了，一直盯着老奶奶看。

老奶奶看出了娅娅的心思，递给娅娅了一个香梨。娅娅道了谢，接过香梨就吃起来。娅娅的爸妈根本没有注意到这边发生的事，直到娅娅出了事。

娅娅吃过香梨后没多久，肚子便疼起来。她妈妈陪着她跑了好几次厕所，又买了止泻药，折腾了半个小时，本来要去上辅导班也没去成。

爸妈问娅娅到底吃什么了，娅娅才说出吃了陌生奶奶给的香梨。娅娅的爸妈一阵后怕，这是老奶奶给的香梨没洗净惹的祸。如果是坏人给的食物，里面掺了迷药，又或者娅娅一个人时吃了陌生人给的东西，后果又会怎样？这时两人才意识到，忘记给女儿上特别重要的一课：不能随便吃陌生人的东西。好在此时补上还不晚，只要女儿记住教训，再不乱吃别人给的东西就好。

安全叮咛

1.小朋友不要乱吃来路不明的食物。

人人都喜欢美味的食物，小朋友也抵制不了美食尤其是零食的诱惑。但小朋友也要知道“病从口入”，食物一定不能乱吃。有的食物吃多了，会伤害身体；有的食物本身可能“带毒”，比如来自陌生人的食物。坏人有可能会在食物中掺杂迷药等药物，会将吃下食物的人迷倒、带走。

2.不管是谁给自己食物，都要征求父母的意见。

不管是熟人还是陌生人，遇到有人给自己东西吃，一定要先征求父母的意见，如果父母没同意，就不能接受。千万不可因“嘴馋”而乱接别人的东西，以免吃到“有毒”的食物。

3.对不认识的人给食物后问长问短的，必须具有防范心理。

小朋友在与陌生人接触时，一定要有防范意识，不管对方是男是女，年老还是年少，都不要轻易相信。除了不能随便泄漏自己家里的信息外，还要拒绝对方的“好意”，比如给你爱吃的零食。

4.陌生人若逼迫自己吃他给的东西，坚决不吃。

遇到陌生人威逼利诱自己吃他给的东西时，千万别吃，更不能侥幸觉得吃了也没事。对方若强迫，则可将食物抛得远远的，远离诱惑，并马上报警。

应急小贴士

小朋友们与父母一同出去，遇到陌生人送给自己东西吃，要等父母同意才能接受，否则就要礼貌拒绝。在公共场合或独自一人的情况下，遇到陌生人给自己食物，坚决拒绝，不管对方给的食物多么诱人，都不能接受。拒绝诱惑，就是在保护自己。

7 被绑架了怎么办

!!! 情景再现 !!!

小宇是小学三年级的学生，他的爸爸靠做生意赚了钱，家里住的房子很大、车子很酷。

小宇很喜欢向别人炫耀他家的富有，经常利用各种机会向同学显摆。虽然学校明令禁止，他还是把手机带到了学校，在学校门口，趁着等妈妈开车来接他的机会显摆。

“我这是最新款的手机，可贵了。我和妈妈一人买了一个。”小宇这样对同学说。

这时，电话铃响了，小宇接到了妈妈的电话：因为学校前方修路，她的车被拦在了路的另一端。她让小宇随着人流，往前走一段路，顺着可供行人来往的通道走过来。她在那里等着他。

小宇得意地和同学告别，一个人向前走去。突然，他的嘴被人从后面捂住，他被强行拖到了一辆车内。

车子开动起来，小宇被放开了。他立即大喊大叫，说要回家，要找妈妈。车里人告诉他不要喊，可是他不听。结果人家连连打他耳光，打得他嘴角流出了血。

小宇怕极了，那些人却还在追问他家里的电话号码，并抢走了他的手机。

车子行驶到城郊，停在一家商店前。绑架小宇的人下车去买东西，只留下他和司机两人。这时，警察却冲出来，将绑架者抓住了。

小宇得救了。原来，小宇同学见他被人带走，通知了他的妈妈，小宇的妈妈在他的手机里下载了定位软件，并报了警，才让他安全获救。

安全叮咛

1.平时要注意信息保密。

小朋友出门在外要有一定的安全意识，家里的重要信息，比如住址、电话号码、人口信息，都不要随便泄露，更不要在外炫耀家里多么有钱。

2.注意防范陌生人。

不能让陌生人随意走进自己家里，也不要搭理和自己搭讪的陌生人。不管对方以什么样的理由，都不能和陌生人走，不坐陌生人的车，也不吃陌生人的食物、不喝陌生人的饮品。

3.不要单独行动，最好结伴同行。

不管是上学、放学还是出去玩，都要和同伴一同行动，按时出发，按时返家，不在外面过多停留。

4.若被绑架，不要反抗、喊叫。

一旦被坏人绑架，告诉自己要冷静，保持安静，不要盲目喊叫或反抗，以免激起坏人的“杀意”，伤害自己，一定要先保证生命安全。

5.记住绑架者的特征，方便日后提供线索。

被绑架后，尽量保持沉默，同时细心观察绑架者的长相，带自己走过的路线，看有没有什么特殊的建筑物，以及所乘车辆的特征、车牌号等。把这些信息记在心里，日后提供给警察作线索。

6.趁绑架者不注意，将身上的物品沿路丢下。

绑架者在带自己离开途中，可以趁他们不注意，想办法将身上携带的物品沿路丢下，方便家人、警察发现这些物品，以便追踪。

7.等绑架者放松警惕时，乘机逃跑。

随时观察绑架者的动向，趁他们上厕所、买东西时，可以乘机逃跑，往人多的地方跑，向警察或者保安以及其他成年人求助。

应急小贴士

小朋友们万一被坏人绑架了，千万要记住，不要慌乱，更不要哭闹、反抗，尽量先配合绑架者，保证自身安全。同时，记住绑架者有几个人、长相特征、车牌号、经过的路线等。可以趁绑架者不注意时，往人多的地方逃跑，向警察或者其他成人求救。

六
遭遇
现场犯罪时
怎么办

1 遭遇盗窃怎么办

!!! 情景再现 !!!

婷婷和姝姝是一对漂亮的孪生小姐妹，8岁生日第二天放学后，两人决定回家前先去趟商场，用压岁钱买两套公主城堡乐高积木。两人来到公交车站，婷婷从书包里拿出存放压岁钱的红包再次确认了下现金，和姝姝相视一笑，8岁了，爸爸妈妈同意他们用压岁钱买自己喜欢的东西了！

101路公交车来了，婷婷顺手将红包放进了外套口袋里。小姐妹两人跟随人群上了车，慢慢挪到车厢中部抓好了扶手。保险起见，婷婷准备将红包放到书包里，手伸进口袋摸了下，竟然空空的，两手赶紧伸到两边口袋仔细翻，真的什么都没有！姝姝连忙问道："姐，是不是刚才放到其他地方了？"

婷婷皱着双眉摇了摇头，说："我很确定，刚才车来的时候我放到口袋里了。怎么没了呢？难不成刚才被人偷了？"

姝姝这才回想起刚才上车时的情形，刚才上车时确实感觉人挺多，像是被推上车来的。两人怀疑的目光在车内搜索着，是谁呢？车上的人基本都望向车外，无从着手。姝姝无奈道："怎么办？姐，要不然自认倒霉吧。"婷婷也懊悔极了，一直埋怨自己的粗心大意。

安全叮咛

1.公交车上遭遇盗窃的应急处理及注意事项。

公交车到站时，我们因为急于上车很少顾及自己随身携带的财物，所以小偷容易在上车的人群中故作拥挤下手行窃。如果这时你察觉有人触碰你的物品，应快速移动物品位置，并大声呵斥"不要挤"，引起周围人的关注，间接制止盗窃行为。

如果在公交行驶时发现失窃，失窃的贵重东西或现金数目大应及时向司机求救"师傅不要停车，我的东西被偷了"，并引起车厢内所有乘客的关注。小偷由于恐惧心理一般会趁乱将偷窃物品丢弃于车内角落，小朋友们可以低头寻找下。如果没有任何发现，公交司机都接受过专门培训，会直接把车开至最近的派出所，并从监控发现异常找到小偷。

千万不要在车站或公交车上露富，更不能在背包和外套口袋里放贵重物品。

尽量不要当场指认嫌疑人，一是有可能会误判引发争端，二是防止小偷倒打一耙，欺软怕硬欺负小朋友，三是小偷们可能团伙作案，有可能会伤害小朋友。

2.室内遭遇盗窃的应急处理及注意事项。

如果小朋友们回家发现室内失窃，应先确认下小偷是否已逃走，不要贸然进屋察看，可打电话向父母告知家中失窃，再拨打110报警处理。假使小偷还未离开房间，听到有人大声说话，必然会心虚逃跑。注意保护好盗窃现场，便于盘点失窃物品及采集嫌疑人指纹。

如果小朋友们在家时发现有人正在撬门（一般是开锁很长时间或门锁有敲击声），应大声呼喊"爸爸！妈妈好像回来了"，让小偷认为家中有大人不敢胡作非为。然后迅速跑到卧室给家人打电话求救。

如果夜晚睡觉时发现有人在翻找物品，假装说梦话"爸爸，我要上厕所"，那人不动的话极有可能是小偷，再假装翻身准备起床上厕所，小偷担

心被发现一般会立即逃跑。假装出房间后，迅速到家长房间告知情况并寻求保护。

发现小偷时，千万不要贪恋财物，更不要对其穷追不舍，免得逼其拼命发生不必要的伤害事件。

3.街头遭遇盗窃的应急处理及注意事项。

街头发现有小偷正在偷你的物品，应大声呵斥并呼喊“抓小偷了”，引起周围人的关注，正义之士会挺身而出制服小偷，如果周围人都持观望态度，拿回物品后不要继续追赶，如果小偷拿着物品继续逃跑，应及时报警，并沿途大声呼救，这样会有正义之士出面帮助。

4.日常穿着行为应尽量低调，夜间休息应关好门窗，注意家门口的特殊标记。

小朋友们日常穿着行为应尽量保持低调，不露富、不炫富，不成为小偷眼中的“肥羊”。

夜间休息应关好门窗，尤其是夏天的夜晚及1～4楼的住户更要注意，不给小偷行窃的机会。

室内行窃一般都是小偷蓄谋已久的，前期会踩点做准备工作。我们要注意家门口是否标注了特殊符号，如果有应及时擦除，并告诉家人近期要提高警惕。

应急小贴士

遭遇盗窃时，必须保持沉着冷静，大声呼救“抓小偷了”，千万不要大声尖叫发出没有意义的非求救声音。小偷极有可能随身携带刀具等武器，不要追赶，自保要紧。

2 遭遇抢劫怎么办

!!! 情景再现 !!!

对于9岁的洋洋来说，寒假基本是在爸妈的火锅店、培优班、家三个地方进行切换。冬天正是火锅旺季，爸妈起早贪黑忙活店里的事情，根本顾不上洋洋，只能多给他些零用钱有备无患，穿戴基本也是他最喜欢的几个运动品牌，从物质方面尽量弥补。洋洋倒也习惯了这样的假期，经常在培优班下课后去附近商场和超市买些零食及学习用品。

这天无聊的洋洋随意走到街边便利店转了下，拿了包薯片准备结账，打开书包发现零钱不够，便将隔层里的好几百元掏出来，抽出一张给了收银员。结完账后，洋洋边走边吃计划抄近道回家。刚进巷子，身后一人便拍了他肩膀一下，拉低帽檐拦在他身前，闷声道："小帅哥，哥哥最近手头紧，缺烟钱了……"

洋洋下意识紧了下书包背带，怯生生地说："我……我没钱……"

那人顿了下，突然张开胳膊环住洋洋开始抢他的书包。洋洋死死靠在边墙上，向前踢了两脚都落空了，准备找机会逃跑。这时远处传来了警笛声，那人一听吓得立马逃窜了。

安全叮咛

1.遭遇抢劫应先判断作恶者是否携带凶器。

遭遇抢劫时，应先观察判断下抢劫者是否携带凶器，比如匕首、针、电棍等。如果抢劫者随身携带凶器，我们的一举一动需要极其谨慎，抢劫是为财，千万不要搭上自己宝贵的生命。

2.遭遇抢劫的应急处理。

青少年一般不会随身携带大量现金或财物。抢劫者一般是跟踪观察有段时间确定你随身携带足够的财物才会下手，或者认为青少年比较弱小容易抢劫。

如果抢劫者瞬间抢走你的财物，周遭有较多人，应立即大声呼叫“抢劫了”，引起周围人的关注并寻求帮助；如果抢劫者在没人的地方威胁恐吓你交出财物，先不要慌张，稳住抢劫者，假装掏包时趁机逃跑至人较多或相对安全的地方，感觉逃跑可能性不大时，将包砸向对方逃跑，或想办法将对方引至人多的地方再逃跑。千万不要强行挣脱，避免发生不必要的伤害。

3.被抢劫后的善后事宜。

无奈顺从抢劫者后，等逃到安全地带应立即将情况告诉家长，同时报警，将抢劫者的年龄、相貌、身高、穿着等特征告知警察，并指认逃跑方向，便于警察抓捕抢劫者。如果抢劫者将翻过的包等物品扔回给你后，需要注意保留指纹，这是破案的重要线索及证据。

4.遭遇抢劫时千万不要做的事：

（1）千万不要大声尖叫，容易引发抢劫者情绪激动，怕引来警察，从而增大自己危险。

（2）千万不要声称会报警处理，这样只会激怒抢劫者。

（3）千万不要太过于直接观察抢劫者的相貌特征，这样不利于让抢劫者放松警惕。

5.避免遭遇抢劫的日常行为规范应牢记：

（1）行为穿着应尽量保持低调，不要炫富。

（2）买东西时尽量避免直接拿出大量现金，这样很容易成为抢劫者眼中的“肥羊”。

（3）避免单独出行，尤其是去偏僻、黑暗的街角巷子或郊外。

应急小贴士

小朋友们遭遇抢劫时，对方一个人时可以考虑将包或手中的物品使劲砸向对方，争取时间快速逃跑至人多或安全的地方。如果是团伙作案，则基本没有逃跑的可能性，不要强行挣脱。抢劫者只是为财，无奈时应先顺从，保命要紧。

3 发现别人在犯罪怎么办

!!! 情景再现 !!!

春光正好，周末妈妈带着小翔来到了动物园。动物园里好不热闹。小翔拉着妈妈的手，按计划依次参观了熊猫馆、狮虎山、企鹅馆，兴奋得一路又蹦又跳。还有小翔心心念念的猴园，那些机灵鬼的淘气样别提多逗了。小翔来到猴园时，拥挤的人群把猴园早已围得水泄不通，急得小翔转了好几圈都没找到空位置挤进去。

那个人在做什么？小翔目光定在一个奇怪的叔叔身上，他站在一个抱着小宝的阿姨身后，左右环视了

下，发现没人注意，便伸出右手缓缓拉开阿姨的背包，食指和中指呈剪刀状夹出了一个钱包。这不正是周五安全教育课说的“二指禅”嘛！小偷正准备将钱包放到口袋里，小翔奔向他，手直指向对方大喊道：“抓小偷！抓小偷了！”小偷一惊将钱包随手一丢，一溜烟跑到人群中消失了。阿姨发现了地上自己的钱包，连忙向小翔道谢。

回家路上，妈妈语重心长地对小翔说：“你今天很勇敢，也做了伸张正义的超人哦！不过万一那个小偷有同伙，对咱们打击报复可怎么办呢？又或者，他把钱包丢在地上，不跑开也不承认，非说你冤枉他怎么办？小翔，或许换种方式提醒那个阿姨也很不错哦！”小翔觉得妈妈的话很有道理，刚才还真是有点危险呢！

安全叮咛

1.见义勇为的前提是有足够的准备，不可冲动行事。

拥有足够的镇静、足够的正义感和足够的身体准备，方能见义勇为伸张正义。小朋友们一般没有直接面对并战胜成人罪犯的可能性，完全不具备应对此类突发事件的能力，不建议发现别人在犯罪时冲动行事，机智提醒或报警最为可取。

2.小偷小摸案件侧面提醒，谨防打击报复。

目击小偷小摸这类案件时，可靠近受害者暗示小心，或假装认识提醒注意安全，尽量不要直接面对当众指认犯罪事实，防止犯罪嫌疑人团伙作案后续实施打击报复，甚至栽赃嫁祸。记住犯罪嫌疑人的样貌特征，在事件发生后可拨打110报警电话进行处理。

3.大型案件应及时报警。

发现绑架、交通肇事逃逸等大型案件时，应第一时间拨打110报警电话报警处理，或通过学校、父母及其他监护人向公安机关或政府有关主管部门报告，记住犯罪嫌疑人的相貌特征、车牌号、逃逸方向等重要信息，保护第一案发现场，提供有效真实

的证词，同时事后寻求保护，谨防打击报复。

4.没有见义勇为也不要有心理负担。

小朋友们即使没有提醒受害者注意安全、制止违法行为，也不要过于自责，因为并不是所有的犯罪行为未成年人都有能力制止的，应学会自我安慰，度过心理的不稳定期，消除此事件给学习及生活带来的负面影响。

应急小贴士

小朋友们发现别人在犯罪，尤其是独自一人时，千万不可直接面对犯罪嫌疑人制止其违法行为，应拨打110电话报警处理，或在附近隐蔽起来，大喊“警察来了”，吓跑犯罪嫌疑人即可。

遇见打架斗殴怎么办

!!! 情景再现 !!!

一周紧张忙碌的学习告一段落，一周马不停蹄的出差也告一段落，9岁的鹏鹏和爸爸终于如约迎来了周五晚间的宵夜聚会——烧烤。两人说笑着来到小区门口的夜市烧烤摊，点了各种好吃的肉串、菜。

爸爸去洗手间时，鹏鹏正准备拿起爸爸的手机玩下游戏，身后不远处传来了争吵声。鹏鹏站起来瞪着眼睛仔细瞧，原来是两桌顾客因为先来后到的问题，争抢一个刚腾出来的空桌，言语间不太友好伤了和气，情绪激动的两个叔叔开始动起手来，同行的两拨人有的拉架，有的指责对方的人，场面混

乱极了。鹏鹏最近刚迷上了网络小视频的录制，转念一想，这不正是记录生活中最好素材的机会嘛！于是鹏鹏靠近了些拿出手机开始录像。

两个你来我往气势汹汹的叔叔移动着决斗场地，越来越靠近鹏鹏。鹏鹏沉迷在录像中还没反应，幸亏有人架起鹏鹏快步向后退了好几步，才刚好躲避过不长眼的拳头。鹏鹏深吸了一口气，回头一看，老爸！看到爸爸大惊失色，才知道自己刚才多危险。

安全叮咛

1.遇到打架斗殴的场合，不围观、不效仿，保持安全距离。

遇到打架斗殴的场合，无论是成人间还是校园里的同学间，都应尽快远离现场，保持足够的安全距离，拳脚无眼，“暗箭”难防，避免被误伤。

千万不可因好奇的心理去围观，更不可盲目效仿打架斗殴事件。这不是兄弟朋友义气的呈现，更不是酷帅有型值得炫耀的行为，这属于犯罪行为，是刑事案件，情绪失控的情况下极有可能造成人员伤亡。

2.远离社会不良青年的聚众活动。

遇到社会不良青年聚众活动应尽量远离，作为危险人群，他们极易发生打架斗殴事件。

3.寻求老师或监护人的保护，必要时拨打110报警处理。

未成年人判断能力较弱，自我保护意识较差，遇到打架斗殴的场合，应寻求老师或监护人的保护。如果发现打架斗殴场合较为混乱发生人员伤亡，或者情况越来越严重时，应拨打110报警电话报警处理，并告诉警察叔叔具体位置和事件的严重性。

4.尽量保持冷静，不可惊慌失措。

小朋友们遇到打架斗殴的场合应尽量保持冷静，不可惊慌失措，更不可帮助其中一方指责另一方，避免卷入其中伤及自身。在校园中发现有同学携带器械准备去找别班同学打架，或者集结同学去团伙斗殴时，千万不要参与其中，及时向老师反映，避免不好的事情发生。

应急小贴士

拳脚无眼，遇到打架斗殴场合时最重要的是保持安全距离，尽量远离现场，避免误伤。听从监护人或随行老师的嘱咐，不可围观或随便评论，避免引火烧身。

5 遭遇传销组织怎么办

!!! 情景再现 !!!

爸爸妈妈每周六都会带小丹去休闲山庄过周末，山庄在远离市区的地方，空气确实清新怡人，让人心情大好。

可小丹却有一点疑惑，那就是不远处那栋楼的一楼有户人家，整日窗帘拉得严严实实，进进出出好多人，有时甚至听到喊口号的声音。爸爸曾告诫小丹在山庄小区里玩耍时，一定要远离那户人家，可为什么要远离却没有告诉过她。所以今天，小丹决定靠近些观察下，看看里面究竟有什么，或者说是什么样特别的人家。

小丹悄悄地靠近那户人家，依旧是大门紧闭、窗帘严实。好不容易找到个露着一条缝的窗帘，小丹发现里面有十几个人正围成一圈，开心地聊着什么，有两三个人正在打电话，看起来情绪有点激动。小丹顿时失望极了，哪里有什么新奇的地方……“小朋友，你找谁啊？”有个声音突然从后面传来。

小丹吓了一跳，回头一看是个笑容可亲的叔叔，于是她边向外走边笑着说：“没什么，我就是看下昨天和我玩的小姐姐是不是住这里……”

“我们这里可没有小朋友，都是做事业的大人呀！”身形瘦削的叔叔声音洪亮地说。

小丹不好意思地笑笑，赶紧跑开了。到底是哪里不对劲呢？好别扭啊！小丹心里直犯嘀咕。

安全叮咛

1.隐藏在小区内的传销组织请认清。

小区里有时会有传销人员聚集。传销活动是被我国明令禁止的，这种违法活动不仅非法侵占涉及人员的财物，更有暴力传销组织采取威逼利诱和暴力殴打手段危害他人生命安全。同时，传销组织人员举止有时比较极端，思想偏激容易失控，属于潜在危险人群。

郊区或城乡结合部的部分小区内，容易隐藏着传销组织，如租住在居民楼住宅，他们一般都有一些共同表现，窗帘整日遮挡，窗户紧闭，进出人员较多，行迹比较可疑，有时会听到喊口号的声音。

2.发现传销组织应及时告诉家人，由家人选择向物业管理人员举报投诉或报警处理。

小朋友们在小区内发现传销组织应及时告诉家人，由家人选择处理方式，比如向物业管理人员举报投诉，或者拨打110报警电话报警处理。这是解救传销组织受迫害胁迫人群的善意之举，防止更多无辜人群深陷其中。

3.远离传销组织，不围观、不惧怕，避免遭受牵连。

传销组织一般不会主动伤及非组织人员，但为避免看到非法行为而遭受牵连或迫害，建议小朋友们尽量远离传销组织的活动范围周边，不要因为好奇而围观，更不要因为惧怕而焦虑，整日提心吊胆，影响正常生活。

应急小贴士

发现传销组织不可当面指认其违法事实，避免刺激传销人员做出伤害小朋友的举动。一般远离后向物业管理人员举报投诉，或者直接拨打110报警电话报警处理。

七
遭遇
网络危险时
怎么办

沉迷于游戏 无法自拔怎么办 1

!!! 情景再现 !!!

妈妈开完家长会回家后脸色一直铁青，闷头做事不发一言。小武阵阵发怵，谁让自己这学期成绩下降这么严重呢！等爸爸下班回家来，爸妈两人在房间里关门聊了许久，小武知道，暴风雨真的来了……

爸爸独自走出卧室，叫上小武去书房，没有过多的责备，而是谈心般地让小武自己说说成绩下降的原因，原来小武课间听同学介绍最近有款特火的网游，人物装扮很新潮，场景选择很多样，武器装备更是极为丰富。于是他回家便小试了一下，结果，一发不可收拾，一有时间就想玩一会

儿，上课也总是想起有些关卡的破解之术。所以考试时会做的题目真的不多，他的成绩自然也是一落千丈。

爸爸问小武今后的打算，计划以什么样的学习态度及方式应对两年后的小升初。小武扬起头自信地说道："爸爸，你知不知道，我可是我们服里排名相当靠前的大侠，崇拜我的人可多了！游戏里也能学到好多东西。再说，我玩游戏也能挣钱，以后能养活自己！"

爸爸没说什么，拿出纸笔写了四个字"厝火积薪"递给小武。小武摇了摇头表示不认识。爸爸说道："这个成语念cuò huǒ jī xīn，意思是把火放到柴堆下，比喻潜伏着很大的危险。你迷恋的这个游戏就是这把火，关键是，它引着的这个柴堆还是个小柴堆，连汉字还没多认几个，估计玩游戏时有些字也认不得呀！"小武低下头，爸爸说的好像挺有道理……

安全叮咛

1.沉迷网络游戏无法自拔的症状早识别。

信息化时代的今天，小朋友们较早地接触到电脑、手机等电子产品，玩网络游戏便是休闲娱乐的一种流行方式。适当地玩网络游戏固然可以愉悦身心、放松一乐、提高应变能力等，但如果每次玩游戏过后都有这样的感受：大脑空白，无法集中注意力；不玩游戏的时候，心情烦躁，焦虑易怒；控制不住自己想玩游戏的心，试图离开游戏，但是做不到。那么，极有可能是沉迷网络游戏无法自拔，已有严重的网瘾倾向了。

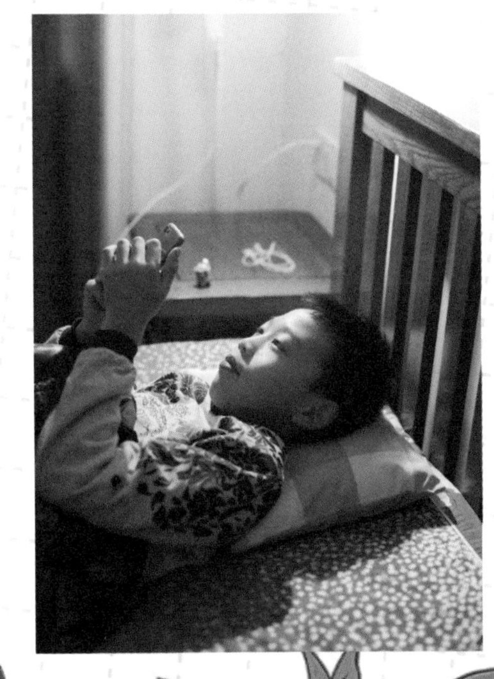

小朋友们辨别意识较弱，自控能力较差，极易沉迷游戏影响正常的学习和生活，所以应当尽早根据上述症状进行自我判断，及时调整。

2.提高自控力，转移注意力。

把电脑变成工具的人是聪明的人，会利用网络就是新时代的主人，每天不超过30分钟游戏时间。主动、有意识地训练自己的自控力，每天尽量强制自己玩游戏10分钟休息5分钟，掌握主动权，逐步提高自控力。

积极参加户外活动、体育活动，或者安静看书，或者参加特长培优班，转移注意力，让各种活动占满课余时间，慢慢远离游戏。

3.和家人、老师、朋友多沟通，学会排解消极情绪，脱离虚拟回归现实。

虚拟世界丰富多彩且没有烦恼，可以暂时逃避现实生活中的困难及不满足。但虚拟世界的成就感并不能解决现实生活中的问题，一味逃避只会令问题越来越复杂。只有多和家人、朋友、老师沟通，将内心的消极情绪倾诉出来，积极面对并解决问题才是应有的态度。

4.沉迷网络游戏成瘾时，有必要寻求心理咨询师帮助。

沉迷游戏自身无法控制时，有必要寻求心理咨询师的协助，从专业角度利用科学的方法帮助你，比如认知行为治疗。

5.网络游戏世界里的“三注意”。

（1）注意不可与同学进行竞技类网络游戏的比拼。这并不是一种人际交往的好方式，比较高低容易演变成金钱、时间的消耗，容易沉迷其中。

（2）注意不可模仿网络游戏中的拳打脚踢、舞枪弄剑等场景及动作。容易误导形成现实世界中的暴力倾向和叛逆情绪，不利于小朋友们的身心健康及成长。

（3）注意避免产生厌学情绪。虚拟世界里的满足感并不能解决现实生活中的问题，端正态度，不可错误认为学习无用而产生厌学情绪。

应急小贴士

沉迷于网络游戏无法自拔，是可以改善并彻底治愈的，逐步提高自控能力。不能急于求成。坏毛病不是一天养成的，好习惯也需要慢慢培养，千万不要短时间内未有明显改善而垂头丧气，坚持并积极面对才是应有的态度。

误操作下载了  病毒软件怎么办

!!! 情景再现 !!!

今天英语培优班的老师将课上的重难点内容进行了整理，通过邮件发送给同学们回去复习。作为英语爱好者的谣谣，一回家便去书房打开了电脑登录邮箱。有几天没登录了，收件箱显示有4封邮件，2封是广告垃圾邮件，1封是老师一小时前抄送给所有培优班同学们的，中间还有1封发件人是“杜云伟”，主题是“通知”，这不是老爸的名字嘛！老爸这么别出心裁地发邮件说话，不太像他的性格呀！谣谣好奇起来，赶紧点开了邮件。

正文没有内容，只有一个附件《通知》。谣谣虽然感觉有些奇怪，但想到老爸这么难得地忙里偷闲与自己

交流，索性点击了“下载”。下载瞬间完成，谣谣双击打开，奇怪的事情又出现了，提示谣谣需要先安装一种插件才能查看。老爸曾经三番五次提醒谣谣不得下载任何东西在他的电脑里，怎么办呢？

慎重起见，谣谣给老爸打了个电话，可惜，没人接听。算了，不就是个小插件嘛，待会儿删了就是了，再说，又是老爸自己发来的邮件，这就是让他下载的指示啊！谣谣开始了一系列的操作。更奇怪的事情出现了，一系列弹框逐一出现，还不等谣谣看清便莫名其妙地自行安装起来，这是病毒吗？谣谣吓坏了，慌乱之中准备拔掉电源。这时电话手表突然响起，是老爸的来电，谣谣赶紧接起电话哭诉了事情的经过。关键时刻还是老爸给力啊，他指导着谣谣拔掉网线后强行关机。面对着黑黑的屏幕，谣谣叹了口气，自己给老爸的邮箱标注的常用名是“老杜”啊，这“杜云伟”是哪来的呢……还是等老爸回来收拾吧。

安全叮咛

1.制定上网规则，注意网络危险。

小朋友们无论是通过电脑还是手机进行线上网站访问或通过邮件、聊天工具等交流，应注意与家长沟通且制定好上网规则，另外还要保持高度的网络危险防范意识。

（1）每天可以上网的时间有限定，尽量在家长在家时上网，方便遇到不懂的状况时爸妈能帮小朋友解决问题。

（2）可以在线访问的网站应明确，寻找网站时搜索条件尽量添加“官网”字眼，不常见的网站尽量由家长进行安全性检查。

（3）绝不分享个人信息，比如地址、电话号码、家长或监护人的工作地址和电话号码，或是学校名称与地址等，避免被人利用进行诈骗。

（4）只能打开认识的邮件地址发来的邮件，绝对不要

打开不认识的地址发来的附件，更不能只看到发件人姓名没看到邮件地址便打开邮件。收到的任何来源不明的邮件，或是感到不愉快的邮件，都尽量与家长沟通。

（5）没有经过家长许可前，不得下载、安装任何程序，包括电脑适配软件、手机APP等，谨防病毒入侵或者强行收费。

2.下载了病毒软件的应急处理：先断网络再杀毒。

误操作下载了病毒软件，第一要务是断开电脑的网线和无限局域网环境，手机的无限局域网和蜂窝移动数据。断开网络环境后，运用杀毒软件进行全面查杀。

3.应急处理后最重要的是告知家长事件的来龙去脉，便于后续处理。

进行完应急处理后，应及时告知家长事件的来龙去脉，不要担心被批评而保守秘密，这样极有可能造成不必要的且更为严重的经济损失。家长会对电脑和手机进行全面系统的杀毒处理，必要时会到客户服务中心或第三方检测机构进行妥善处理。

4.千万不可慌张之中妄图拔掉电源解决问题。

小朋友们遇到软件病毒时，千万不要忙中出错拔掉电源解决问题，这样只会伤到硬盘，极有可能造成无法再开机的局面。硬盘可以换，但硬盘里宝贵的数据恢复比较困难甚至会全部丢失，会造成不可挽回的损失。

应急小贴士

小朋友们应遵守与家长制定的上网规则，千万不可在网络世界里一意孤行。误操作下载病毒软件后，千万不要忙中出错直接拔掉电源，应先断开网络环境进行杀毒，必要时关机即可，及时告知家长才是减少损失的最佳选择。

3 网友聊天提出奇怪要求怎么办

!!! 情景再现 !!!

今年，爸爸妈妈送给刚上初中的小妍的生日礼物是一部智能手机，不仅方便联系，更想利用手机上的各种APP工具辅助小妍的学习。小妍在好朋友的推荐下注册申请了一个微信号，与同学聊起来好开心。这天，小妍在研究微信里的几个功能时点了下“附近的人”，过了一会儿就有好几个人向她打招呼，小妍便逐一通过了好友。其中一个的头像竟是她的偶像易烊千玺，莫名的好感令小妍和这位朋友深入聊了几句，越聊越投机，从偶像的成名曲到三人各自的发展，从易烊千玺的艺考到《这，就是街舞！》的战队……聊了几天后，小妍与这位会跳街舞的好友真有种相见恨晚的感觉。

这天周末，小妍在家做作业，随意翻开手机看了下微信，那位朋友问她今天是否有空，他在附近的街舞工作室有课，邀请小妍去参观并加入他们的明星后援会。小妍一看激动极了，便回话问具体位置。他很快发来了一个位置分享，是附近一个小区的居民住宅里。小妍想起妈妈说的不能独自去陌生地方的准则，便回复问待会儿带着她酷爱街舞的表哥一起去方便吗？没想到那位朋友婉拒了，说后援会只吸收女生会员。这奇葩的会员规定让小妍不知所措了，可妈妈在家守着自己也出不去啊，无奈只好回复他说有急事去不了了，下次吧。

安全叮咛

1.千万不可单独与网友进行线下会面。

小朋友们千万不可单独与网友进行线下会面，尤其是第一次见面，因为我们谁也不知道在虚拟的网络世界里那个与我们兴趣相投的人的真实状况，如果成人在网上假扮未成年人与我们进行约见，这样的约见具有难以想象的危险。如果父母或监护人同意会面，那么会面应选择在公共场所进行，不可以选择隐蔽或私密的地址和空间，且父母或监护人必须一同前往。

2.选择一个合适的网名和头像。

选择一个合适的网名，不要选择过于彰显个性甚至暴露隐私的网名和头像，比如“坏女孩”“我爱TF-boy”“实验小学四（2）班”等，网名极具叛逆危险信号或者暴露太多个人信息的都是不妥的，最好能选一个大人、小孩都通用的不易辨别的名字。坏人瞄准的目标是未成人年，如果从网名和头像感觉是成年人，往往会放弃坏念头。

3.不可向网友暴露过多的个人信息，谨防敲诈勒索。

绝不向网友暴露过多的个人信息，比如地址、电话号码、家长或监护人的工作地址和电话号码，或是学校名称与地址，还有照片、小秘密等，谨防对方敲诈勒索，甚至胁迫做出违背你意愿的事。

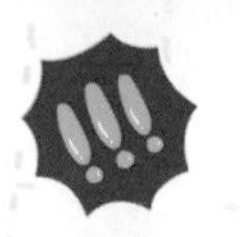

4.网友提出奇怪的要求应拒绝并告知家长。

如果网友提出奇怪的要求，或者有让我们感到害怕、不舒服甚至困惑的言语，不要因为之前的志趣相投而接受，应保持警惕并判断是否有危险，然后拒绝，也可以告知家长或监护人寻求保护，不要让对方了解我们的真实情况，从而对我们做出进一步实质性的伤害。

应急小贴士

如果网友提出奇怪的要求，小朋友们不要急于应允，可以咨询身边的朋友多些判断；如果网友胁迫你做些奇怪的事情，比如不见面就将你的不愿公开的小秘密公开散播，应立即告知家长或老师寻求保护，不可听之任之。

4 通过短信、微信、QQ、邮件收到要钱或消费提醒的信息怎么办

!!! 情景再现 !!!

爸爸妈妈为了培养小勇读书的好习惯，儿童节时送了他一张价值300元的书店储值卡，让他可以买自己喜欢的书。

这天放学，小勇的手机收到了来源于10698开头的一条短信，内容如下：

书店通知：您在本书店刷卡518元已确认成功。此笔金额将从您的账上计费，如有疑问请咨询：8121****。

小勇一看懵了，自己什么时候在书店花了这么多钱啊？目前只买了三四本书。再说，卡上余额不到200了，怎么可能平白无故地花费518元呢？小勇皱起眉头，赶紧拨打了咨询电话，一位客服阿姨柔声答应，小勇着急地说出

了自己的遭遇。阿姨安慰小勇不要担心，可以先从系统帮他查询下交易记录和余额状况，请小勇先说下他的储值卡号码及密码。小勇翻找出书店储值卡，向客服刚说了一半号码，突然感觉不对劲，为什么是口述号码及密码不是按键输入呢？不会是骗子吧？小勇小声问了句：“我去店里查可以吗？”电话那头突然就挂掉了，只留下了嘟嘟声伴随着小勇越来越快的心跳声。

安全叮咛

1.警惕要钱或消费提醒的信息，辨别真伪谨防骗局。

小朋友们自身没有经济来源，接收到汇款至某银行账户的诈骗信息比较少见，但如果收到某同学向你借款的信息，无论是手机短信、微信、QQ、邮件发来的信息都不要搭理。

如果收到消费提醒方面的信息，核实信息后如果有问题，应及时告知父母或监护人，由成人进行真伪的辨别及处理，不可回拨电话探寻究竟，谨防被骗子花言巧语引入早已布好的陷阱。

2.回拨电话确认时应注意的细节：

（1）客服人员的普通话水平。正规的客服人员采用比较标准的普通话进行热线解答，如果夹杂较明显的方言口音，基本可以断定是骗子。

（2）客服人员一般先报工号，不会要求客户口述密码这样的重要信息。

（3）接听人员如声音陌生声称朋友在忙不方便通话，只说急需用钱，这显然是手机被盗后的诈骗陷阱，千万不可相信。

3.日常生活中注意保护个人信息。

小朋友们在日常生活中应时刻注意保护个人信息，比如地址、电话号码、家长或监护人的工作地址和电话号码，或是学校名称与地址，各种会员卡号及密码等，谨防被有心人盗取后设置骗局，骗取自己及周边人的财物。

4.事后向身边人公布骗局，避免二次行骗。

收到要钱或消费提醒的信息被识破为骗局后，如果骗局中暴露过多个人信息，应及时向家长、老师及周边朋友公布骗局，避免骗子借助你暴露的个人信息向你周边的人进行二次行骗。

应急小贴士

小朋友们通过短信、微信、QQ、邮件收到要钱的信息时，应第一时间打电话确认，如果是消费提醒的信息，千万不可回拨电话进行咨询，容易被主观意识引导主动跟随骗子进入早已设好的骗局。如果实在不知如何是好时，向家长咨询意见是最好的办法。

5 主播让我刷礼物怎么办

!!! 情景再现 !!!

别看小坤才10岁，手机和下载的各种APP玩得熟门熟路，妈妈有时候还得“请教”下手机天才小坤同学。这阵子，小坤听表哥说某某直播平台很不错，很多歌手大咖和唱歌有天分的平凡人都在这个平台上施展自己的才能，最近迷恋音乐的小坤便潜心研究了起来。

这天，小坤又走进了一个姐姐的直播间，姐姐长发披肩，说话很温柔，人漂亮，歌也唱得特别好，小坤便留在直播间里加入了互动。过了会儿，姐姐问小坤想听什么歌她唱给他听，小坤激动地点了一首最近同学间特火的一首歌曲，姐姐清唱了几句停下来，笑着对小坤说给她刷点礼物她

就更有动力唱得更好。想到直播间里这么多人都在看自己如何打赏，小坤便溜出房间悄悄拿起妈妈的手机，想用微信支付买点星币刷礼物，正准备进房间却被妈妈从身后叫住了，让他赶紧去客厅吃水果。小坤转头说先去洗手，便将妈妈的手机赶紧放回主卧了。

吃完水果回到房间，小坤看到主播姐姐正在为另一个人唱歌，便悄然退出直播间了。要是自己有经济能力自由支配就完美了！小坤躺在床上感叹了好久……

安全叮咛

1.理性看待网络直播平台。

当今社会各种网络休闲娱乐方式层出不穷，网络直播平台自出现以来热度不减，主播作为新兴职业急速爆红，吸引了大量粉丝。有的直播打游戏的过程，操作娴熟，解说幽默；有的想唱就唱，自创或重复网络“喊麦”歌曲；有的跳舞等……

小朋友们判断能力有限，更应该理性看待网络直播平台，不能进入面对成人的直播平台。

2．“刷礼物”？也许这是早已布局的陷阱。

小朋友们判断能力有限，更没有直接稳定的经济来源及基础，面对认可甚至崇拜的主播，千万不可意气用事去点赞“刷礼物”，或害怕丢脸被主播冷淡对待而被迫“刷礼物”。有些不良主播会迫使小朋友们误入歧途寻找不义之财，做出不当的行为。

3.警惕直播刷人气、淘宝刷信用等兼职骗局。

小朋友们应对QQ、微信等收到的兼职招聘信息保持警惕，诸如某某网络直播平台、淘宝店铺等招聘兼职，足不出户，有电脑、有时间即可，日结超高工资。如果与其联系，便会告知需缴纳定金、服务器租赁费等，转账交钱后便会被其拉黑，这是典型的诈骗陷阱。

4.儿童刷礼物法律意义无效，但追讨较困难，建议适当与家长共同观看直播。

0到16岁属于限制行为人，网络直播平台刷礼物所支付的费用是无效的，如自己已偷偷把家长的钱拿来刷了礼物，可以找平台和主播本人进行追讨，但实际执行中追回的可能性很小。小朋友们可以邀请家长共同观看自己欣赏的健康阳光的直播，这样，既能增进欢乐的亲子时光，又能由家长把控“被刷礼物”的风险。

应急小贴士

小朋友们不应沉迷于网络直播，如进入直播室，应警惕任何形式的“刷礼物”。不要偷偷地使用家长的手机进行转账。

6 丢失手机怎么办

!!! 情景再现 !!!

栋栋平时丢三落四的糗事太多了，上课了发现书没带落家里了，回家了发现作业本没带落培优班了……可今天这事大了，落的东西是手机，关键是他还记不起来落在了哪里。栋栋在家里将书包、外套的里外翻了好几遍都没找到手机，最终决定第二天去学校再仔细找找。六点妈妈就火急火燎赶回了家，开门看见栋栋的一瞬间立马心安了，接着问他怎么不接电话，栋栋说手机静音了没听见，妈妈便没再深究。

第二天，栋栋在学校里翻了个底儿朝天也没看到手机的身影，让同学拨打已关机。这回手机是真没了……怕被妈妈责备，栋栋刚放学就

用同学的手机给妈妈去了个电话，谎称手机没电了，自己直接回家让妈妈放心。担惊受怕的一夜就这样恍惚过去了。

第三天一早，栋栋觉得实在不能隐瞒了，便向妈妈坦白交代了一切。妈妈赶紧打电话挂失了手机卡，并给出差在外的爸爸简单说了下事情，嘱咐千万不要相信任何栋栋手机发来的消息。栋栋真后悔自己这么晚才说出来，原来这并不仅仅只是丢失了一部手机，有太多太多的事情需要处理了。

安全叮咛

1.手机丢失应及时告知家长并打电话挂失。

小朋友们如果不小心丢失了手机，应及时告知家长并打电话挂失，避免捡到或偷到手机的人任意拨打电话、使用流量而造成欠费，更有甚者会假借你的名义向你手机里的联系人进行诈骗。

挂失手机号可拨打客服电话，联通10010、移动10086、电信10000,请求SIM卡挂失，SIM卡会暂停服务24小时。

2.第一时间补办新卡，并修改原手机上使用的各种程序的密码。

手机卡挂失后应第一时间去营业厅补办新卡，并修改原手机上使用的支付宝、微信、QQ等社交聊天软件及各APP涉及会员登录的密码，谨防原手机程序直接登录进行消费。

如果无法第一时间去补办新卡，可先多途径修改原手机上使用的各种程序的密码，比如电脑登录修改、客服电话修改等。

3.及时对外公布手机已丢失，谨防诈骗。

手机丢失后，手机通讯录上的联系人、微信和QQ的好友信息极有可能被窃取，应及时通过微信朋友圈、QQ空间等对外公布手机已丢失，近期如收到急需汇款、朋友聚会的消息请勿相信，谨防诈骗。

4.通讯录、照片等重要信息尽量挽回。

手机中的通讯录、照片、文件等信息既重要又涉及隐私，应注意尽量挽回，

部分品牌手机可以登录云服务端下载备份的通讯录、照片、文件，软件有电脑与手机版本同步的也可在电脑中进行下载再保存。

5. 千万不可因害怕受责备而隐瞒，更不可抱有侥幸心理等待找回。

丢失手机后，小朋友们千万不可因为害怕受家长责备而隐瞒实情，更不能抱有侥幸心理等好心人拾金不昧或手机突然某天自己现身在某个角落这种奇迹发生，手机涉及较多隐私信息，也极易被人利用成为诈骗你周边人的“武器”，丢失后应及时告知家长并迅速处理相关后续的事情，千万不可一再拖延，给坏人可乘之机。

应急小贴士

小朋友们丢失手机后千万不要一味哭泣，可先回忆下最后看到手机的地点和事情经过，原路找寻下，确认丢失后必须第一时间告知家长并给手机卡挂失。